普通高等教育"十一五"国家级规划教材

全国高校出版社优秀畅销书一等奖

中国高等院校计算机基础教育课程体系规划教材

丛书主编 谭浩强

C++面向对象程序设计（第3版）学习辅导

谭浩强 编著

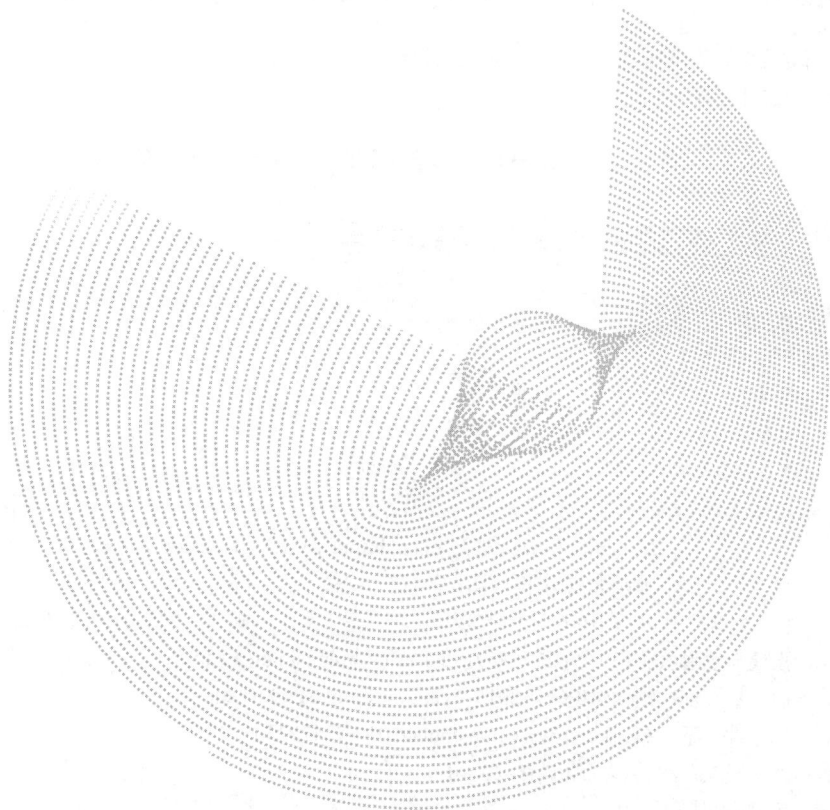

清华大学出版社

北 京

U0679198

内 容 简 介

本书是为已学过 C 语言程序设计、具有程序设计初步知识的读者编写的，是与作者编著的《C++面向对象程序设计（第 3 版）》（清华大学出版社出版）一书配套的辅助教材。本书包括 3 个部分：《C++面向对象程序设计（第 3 版）》习题与参考解答；C++的上机操作，这部分介绍了在 3 种典型的环境下运行 C++程序的方法，即 Visual Studio 2010、在线编译器和 GCC；上机实验内容与安排，这部分提出了上机实验的指导思想、内容与要求，供教学参考。

本书的教学资源可在清华大学出版社网站下载，包括《C++面向对象程序设计（第 3 版）》一书中的全部例题程序以及各章习题解答的程序。

本书可作为学习《C++面向对象程序设计（第 3 版）》的辅助教材，也可供其他初学 C++的读者参考。

图书在版编目（CIP）数据

C++面向对象程序设计（第 3 版）学习辅导 / 谭浩强编著. —北京：清华大学出版社，2020.11
（2021.8重印）
中国高等院校计算机基础教育课程体系规划教材
ISBN 978-7-302-56745-5

Ⅰ. ①C… Ⅱ. ①谭… Ⅲ. ①C++语言－程序设计－高等学校－教学参考资料 Ⅳ. ①TP312.8

中国版本图书馆 CIP 数据核字（2020）第 210752 号

责任编辑：张　民
封面设计：傅瑞学
责任校对：徐俊伟
责任印制：丛怀宇

出版发行：清华大学出版社
　　　　　网　　　　址：http://www.tup.com.cn, http://www.wqbook.com
　　　　　地　　　　址：北京清华大学学研大厦 A 座　　　邮　　编：100084
　　　　　社　总　机：010-62770175　　　　　　　　　　邮　购：010-83470235
　　　　　投稿与读者服务：010-62776969，c-service@tup.tsinghua.edu.cn
　　　　　质　量　反　馈：010-62772015，zhiliang@tup.tsinghua.edu.cn
　　　　　课　件　下　载：http://www.tup.com.cn,010-83470236
印 装 者：大厂回族自治县彩虹印刷有限公司
经　　销：全国新华书店
开　本：185mm×260mm　　印　张：11　　字　数：252 千字
版　次：2020 年 12 月第 1 版　　　　　　　印　次：2021 年 8 月第 3 次印刷
定　价：35.00 元

产品编号：088559-01

序

　　从20世纪70年代末、80年代初开始，我国的高等院校开始面向各个专业的全体大学生开展计算机教育。特别是面向非计算机专业学生的计算机基础教育，牵涉的专业面广、人数众多，影响深远。高校开展计算机基础教育的状况将直接影响我国各行各业、各个领域中计算机应用的发展水平。这是一项意义重大而且大有可为的工作，应该引起各方面的充分重视。

　　30多年来，全国高等院校计算机基础教育研究会和全国高校从事计算机基础教育的老师始终不渝地辛勤工作，深入探索，努力开拓，积累了丰富的经验，初步形成了一套行之有效的课程体系和教学理念。30年来高等院校计算机基础教育的发展经历了3个阶段：20世纪80年代是初创阶段，带有扫盲的性质，多数学校只开设一门入门课程；20世纪90年代是规范阶段，在全国范围内形成了按3个层次进行教学的课程体系，教学的广度和深度都有所拓展；进入21世纪，开始了深化提高的第3阶段，需要在原有基础上再上一个新台阶。

　　在计算机基础教育的新阶段，要充分认识到计算机基础教育面临的挑战：

　　（1）在世界范围内信息技术以空前的速度迅猛发展，新的技术和新的方法层出不穷，要求高等院校计算机基础教育必须跟上信息技术发展的潮流，大力更新教学内容，用信息技术的新成就武装当今的大学生。

　　（2）我国国民经济现在处于持续快速稳定发展阶段，需要大力发展信息产业，加快经济与社会信息化的进程，这就迫切需要大批既熟悉本领域业务，又能熟练使用计算机，并能将信息技术应用于本领域的新型专门人才。因此需要大力提高高校计算机基础教育的水平，培养出数以千百万计的计算机应用人才。

　　（3）从21世纪初开始，信息技术教育在我国中小学中全面开展，计算机教育的起点从大学下移到中小学。水涨船高，这样也为提高大学的计算机教育水平创造了十分有利的条件。

　　迎接21世纪的挑战，大力提高我国高等学校计算机基础教育的水平，培养出符合信息时代要求的人才，已成为广大计算机教育工作者的神圣使命和光荣职责。全国高等院校计算机基础教育研究会和清华大学出版社于2002年联合成立了"中国高等院校计算机基础教育改革课题研究组"，集中了一批长期在高校计算机基础教育领域从事教学和研究的专家、教授，经过深入调查研究，广泛征求意见，反复讨论修改，于2004年春提出了新的高校计算机基础教育改革思路和课程方案，并编写了《中国高等院校计算机基础教育课程体系2004》（简称CFC 2004），由清华大学出版社出版。之后又陆续推出CFC 2006、CFC 2008和CFC 2014。该课题受到各方面的关注、支持和欢迎，大家一致认为CFC 提出了一个既体现先进又切合实际的思路和解决方案。

为了实现课题研究组提出的要求，必须有一批与之配套的教材。教材是实现教育思想和教学要求的重要保证，是教学改革中的一项重要的基本建设。如果没有好的教材，提高教学质量只是一句空话。要写好一本教材是不容易的，不仅需要掌握有关的科学技术知识，而且要熟悉自己工作的对象，研究读者的认识规律，善于组织教材内容，具有较好的文字功底，还需要学习一点教育学和心理学的知识等。一本好的计算机基础教材应当具备以下5个要素：

（1）定位准确。要十分明确本教材是为哪一部分读者写的，要有的放矢，不要不问对象，提笔就写。

（2）内容先进。要能反映计算机科学技术的新成果、新趋势。

（3）取舍合理。要做到"该有的有，不该有的没有"，不要包罗万象、贪多求全，不应把教材写成手册。

（4）体系得当。要针对非计算机专业学生的特点，精心设计教材体系，不仅使教材体现科学性和先进性，还要注意循序渐进、降低台阶、分散难点，使学生易于理解。

（5）风格鲜明。要用通俗易懂的方法和语言叙述复杂的概念。善于运用形象思维，深入浅出，引人入胜。

为了推动各高校的教学，我们愿意与全国各地区、各学校的专家和老师共同奋斗，编写和出版一批具有中国特色的、符合非计算机专业学生特点的、受广大读者欢迎的优秀教材。为此，我们成立了"中国高等院校计算机基础教育课程体系规划教材"编审委员会，全面指导本套教材的编写工作。

这套教材具有以下几个特点：

（1）全面体现CFC 的思路和课程要求。本套教材的作者多数是课题研究组的成员或参加过课题研讨的专家，对计算机基础教育改革的方向和思路有深切的体会和清醒的认识。因而可以说，本套教材是CFC 的具体化。

（2）教材内容体现了信息技术发展的趋势。由于信息技术发展迅速，教材需要不断更新内容，推陈出新。本套教材力求反映信息技术领域中新的发展、新的应用。

（3）按照非计算机专业学生的特点构建课程内容和教材体系，强调面向应用，注重培养应用能力，针对多数学生的认知规律，尽量采用通俗易懂的方法说明复杂的概念，使学生易于学习。

（4）考虑到教学对象不同，本套教材包括了各方面所需要的教材（重点课程和一般课程；必修课和选修课；理论课和实践课），供不同学校、不同专业的学生选用。

（5）本套教材的作者都有较高的学术造诣，有丰富的计算机基础教育的经验，在教材中体现了研究会所倡导的思路和风格，因而符合教学实践，便于采用。

本套教材统一规划，分批组织，陆续出版。希望能得到各位专家、老师和读者的指正，我们将根据计算机技术的发展和广大师生的宝贵意见随时修订，使之不断完善。

全国高等院校计算机基础教育研究会荣誉会长
"中国高等院校计算机基础教育课程体系规划教材"编审委员会主任

谭浩强

本书是为已学过 C 语言程序设计、具有程序设计初步知识的读者编写的，是与作者编著的《C++面向对象程序设计（第 3 版）》(清华大学出版社出版) 一书配套使用的辅助教材。关于《C++面向对象程序设计（第 3 版）》一书的特点和编写此书的初衷，作者在《C++面向对象程序设计（第 3 版）》的前言中作了比较详细的说明，建议读者抽空再认真阅读一下，对于怎样学好这门课是很有好处的。作者一贯认为：教材不同于专著，不能认为越深越好，越全越好，必须准确定位，要认真分析学习者的基础和学习本门课程应当达到的基本要求，并根据教学要求合理取舍内容。对于 C++这样公认比较难学的课程尤为如此。

学习 C++首先要了解和掌握 C++的基本知识，学会使用 C++语言编写程序，在这个过程中了解有关面向对象程序设计方法和有关的基本概念，学习有关的算法。本书的习题就是围绕这个目的而设计的。尽管 C++是为了解决大型软件开发工作中的问题而产生的，但是在学习时不可能一开始就接触甚至编写大程序，而必须从简单的小程序开始，循序渐进，逐步深入。因此本书每一章的习题都是围绕更好地理解该章所叙述的基本概念、基本语法的应用以及有关的算法，只有把这些基础打好了，才能为日后的进一步学习和应用创造良好的条件。考虑到多数读者的学习基础，习题不要求具备较深入的数据结构方面的知识，所涉及的算法是读者所能理解和接受的。

本书的内容包括 3 个部分：

1.《C++面向对象程序设计（第 3 版）》习题与参考解答。 这些习题都是和教材内容紧密结合的。大部分习题是多数读者在学习教材后能够独立完成的，有一些习题是对教材内容的扩展，需要补充一些知识。由于教材篇幅有限，有些很好的例子无法在教材中列出，现把它们作为习题，希望读者自己完成，教师也可以从中选择一些习题作为例题讲授。学生除了完成教师指定的习题外，最好把习题解答中的程序全部看一遍，以更好地理解 C++程序，拓宽眼界，启迪思路，丰富知识，增长能力。

为了帮助读者更好地理解程序，对于稍难的习题，书中都作了比较详细的说明，或在程序中加了注释。实际上，这部分是一个例题汇编，提供了不同类型的题目和程序，对有的题目提供了几种不同的解法和程序，供读者比较分析。希望读者充分利用这些资源。

应当说明：本书中提供的只是参考答案，并不一定是唯一的答案，甚至不一定是最好的答案，读者完全可以举一反三，编写出更好的程序。

2. C++的上机操作。在这部分中介绍了在 3 种典型的环境下运行 C++程序的方法：①Visual Studio 2010；②在线编译器；③GCC，GCC 是自由软件，不必购买。GCC 可以在 Windows 环境下使用，也可以在非 Windows 环境(如 DOS，UNIX，Linux)下使用。

学习 C++，不应只局限于使用一种编译环境，希望读者能掌握一种以上的编译和运行 C++程序的环境与工具。

3. 上机实验内容与安排。在这部分中提出了上机实验的指导思想和上机实验的要求，并介绍了程序调试与测试的方法。在此基础上，设计了 9 个实验，大体上每一个实验对应教材的一章。每个实验一般包括 4~5 个题目。这只是供教师安排实验时参考的。由于教材的每一章内容的分量不同,其对应的实验的分量也应该有所不同。有的章内容较多，可能需要对应两次实验。不同的学校、不同的专业、不同程度的班级，所进行的实验的内容和分量会有所不同。除了书中指定的实验内容外，教师也可以根据教学需要指定其他实验内容。这需要任课教师根据实际情况进行调整。

在指定实验内容时，采取的原则是：习题与实验内容一致，即教师指定学生完成的作业，不仅要求学生在纸上写出程序或结果，而且要求学生上机调试与运行。在实验中不能满足于能得到正确运行结果，还应当进行分析和讨论。本书在习题的基础上会提出一些思考问题，或改变一些条件，要求学习者修改程序，分析对比运行结果。

在完成本书习题和实验的基础上，如果读者希望进一步学习 C++编程技术，可以参考由作者主编，陈清华、朱红编著，清华大学出版社出版的《C++程序设计实践指导》。

本书的教学资源可在清华大学出版社网站下载，包括以下内容：

（1）《C++面向对象程序设计（第 3 版）》一书中的全部例题程序。文件名以 c 开头，与例题号——对应，如 c5-4.cpp 是第 5 章例 5.4 程序。

（2）本书第 1 部分中各章习题解答的程序。文件名以 xt 开头，与例题号——对应，如 xt7-3.cpp 是第 7 章习题 3 的程序。

本书主要由谭浩强教授编写，谭亦峰工程师和薛淑斌高级工程师参加了部分内容的编写工作。本书若有不足之处，敬请读者不吝指正。

谭浩强　谨识

2020 年 8 月于清华园

CONTENTS

目 录

第2部分 C++的上机操作

第 3 部分　上机实验内容与安排

第1部分

《C++面向对象程序设计 (第3版)》 习题与参考解答

第 1 章

C++ 的初步知识

1. 分析下面程序运行的结果。

```cpp
#include<iostream>
using namespace std;
int main()
  {
    cout<<" This "<<" is ";
    cout<<" a "<<" C++ ";
    cout<<"program. " << endl;
    return 0;
  }
```

【解】 输出的结果为

```
This is a C++ program.
```

2. 分析下面程序运行的结果。

```cpp
#include<iostream>
using namespace std;
int main()
  {
    int a,b,c;
    a=10;
    b=23;
    c=a+b;
    cout<<" a+b=";
    cout<<c;
    cout<<endl;
    return 0;
  }
```

【解】 前两个 cout 语句在输出数据后不换行,第 3 个 cout 语句输出一个换行,因此

输出的结果为

a+b=33

3．分析下面程序运行的结果。请先阅读程序，写出程序运行时应输出的结果，然后上机运行程序，验证自己分析的结果是否正确。以下各题同。

```
#include<iostream>
using namespace std;
int main()
  {
  int a,b,c;
  int f(int x,int y,int z);
  cin>>a>>b>>c;
  c=f(a,b,c);
  cout<<c<<endl;
  return 0;
  }
int f(int x,int y,int z)
  {
  int m;
  if (x<y) m=x;
    else m=y;
  if (z<m) m=z;
  return(m);
  }
```

【解】 程序的作用是：输入 3 个整数，然后输出其中值最小的数。在主函数中输入 3 个整数，然后调用 f 函数，在 f 函数中实现找最小的整数，用 if 语句比较两个数，将小者存放在变量 m 中，经过两个 if 语句的比较，m 中存放的是 3 个整数中最小的数。运行情况如下：

<u>1 5 3</u>✓   （输入 3 个整数）
1   （输出其中最小的数）

4．在你所用的 C++系统上，输入以下程序，进行编译，观察编译情况，如果有错误，请修改程序，再进行编译，直到没有错误，然后进行连接和运行，分析运行结果。

```
int main();
  {
  int a,b;
  c=a+b;
  cout >>" a+b=" >> a+b;
  }
```

【解】 上机编译出错，编译出错信息告知在第 2 行出错，经检查，发现第 1 行的末尾多了一个分号，编译系统无法理解第 2 行的花括号，导致报告第 2 行出错。将第 1 行末尾的分号去掉，重新编译，编译出错信息告知在第 5 行和第 6 行出错。第 5 行出错原因是 cout 未经声明，因为 cout 不是 C++语言提供的系统的关键字，而是输出流的对象，必须使用头文件 iostream。第 6 行出错原因是 main 是 int 型函数，应返回一个整型值。将程序改为

```
#include<iostream>
int main()
  {
    int a,b;
    c=a+b;
    cout >>" a+b=" >> a+b;
    return 0;
  }
```

重新编译。编译出错信息告知在第 5 行和第 6 行出错。第 5 行出错原因是变量 c 未定义，第 6 行出错原因是 cout 未经声明，说明#include <iostream>指令未能起作用，原因是未指明命名空间。将程序改为

```
#include<iostream>
using namespace std;
int main()
  {
    int a,b,c;
    c=a+b;
    cout>>"" a+b=" >>a+b;
    return 0;
  }
```

重新编译。编译出错信息告知在第 7 行出错，经检查，是"＞＞"用得不当，"＞＞"是提取运算符，应与 cin 联合使用，用来从输入流中提取数据，输出时应该用插入运算符"＜＜"。把两处"＞＞"都改为"＜＜"，再重新编译，发现没有错误（error），但有两个警告（warning），原因是定义了 a 和 b，但未对它们赋值。应增加赋值语句或输入语句，使 a 和 b 获得值，将程序改为

```
#include<iostream>
using namespace std;
int main()
  {
    int a,b,c;
    cin>>a>>b;
    c=a+b;
    cout<<" a+b=" <<a+b;
    return 0;
  }
```

重新编译，没有编译错误，能通过编译和连接，可以正常运行，在 Visual C++ 6.0 环境下运行时屏幕显示如下：

5 9↙
a+b=14 Press any key to continue

显然这样的输出不理想，"Press any key to continue"是 Visual C++系统在输出了运行结果后自动显示的一个信息，告诉用户"如果想继续工作，请按任何一个键"。当用户按任何一个键后，显示运行结果的窗口消失，屏幕显示回到 Visual C++的主窗口，显示出源程序和编译信息。

为了解决以上输出不理想的情况，可以在最后一个输出语句中增加输出一个换行符。最后的程序如下：

```cpp
#include<iostream>
using namespace std;
int main()
  {
  int a,b,c;
  cin>>a>>b;
  c=a+b;
  cout<<"a+b="<<a+b<<endl;
  return 0;
  }
```

运行时屏幕显示如下：

5 9↙
a+b=14
Press any key to continue

这就完成了程序的调试。

这里对本题的调试过程作了比较详细的分析，以使读者对如何调试程序有比较具体而清晰的了解。需要说明：

（1）编译系统给出的编译出错信息，只是提示性的，引导用户去检查错误，用户必须根据程序的上下文和编译出错信息，全面考虑，找出真正出错之处。例如编译出错信息通知第 2 行出错，其实可能是第 1 行出错。

（2）有时，有的错误开始时未被检查出来并告知用户（例如未定义变量 c），由于其他错误未解决，掩盖了这个错误。当解决了其他错误后，这个错误会被检查出来。有时在调试过程中会不断检查出新的错误，这是不奇怪的。一一处理，问题会迎刃而解。

（3）为了说明调试过程，这里全部依靠计算机系统来检查错误，其实有些明显的错误，完全可以由人工查出，这样可以提高调试效率。由人工在纸面或屏幕上检查错误，称为静态查错，用计算机编译系统检查错误，称为动态查错。建议尽量先用静态查错的方法排除错误，只有人工检查不出来的错误才让计算机检查。

5. 输入以下程序，进行编译，观察编译情况，如果有错误，请修改程序，再进行编译，直到没有错误，然后进行连接和运行，分析运行结果。

```cpp
#include<iostream>
using namespace std;
int main()
  {
    int a,b;
    c=add(a,b)
    cout<<"a+b="<<c<<endl;
    return 0;
  }
 int add(int x,int y);
  {
    z=x+y;
    retrun(z);
  }
```

【解】　发现 7 个错误：

（1）对 add 函数未声明就调用，应在 main 函数中对 add 函数进行声明。

（2）定义 add 函数时，函数首行末尾不应有分号。

（3）变量 c 未经定义。

（4）add 函数中的变量 z 未经定义。

（5）第 6 行末尾少了一个分号。

（6）add 函数中的 retrun 拼写错误，应为 return。编译系统把 retrun 作为未声明的标识符而报错，因为 retrun(z)会被认为是函数调用的形式。

（7）变量 a 和 b 未被赋值。

改正后的程序如下：

```cpp
#include<iostream>
using namespace std;
int main()
  {int add(int x,int y);
   int a,b,c;
   cin >> a >> b;
   c=add(a,b);
   cout <<" a+b=" << c <<endl;
   return 0;
  }

int add(int x,int y)
  {int z;
```

```
    z=x+y;
    return(z);
  }
```

运行情况如下：

5 8↙

13

6．输入以下程序，编译并运行，分析运行结果。

```
#include<iostream>
using namespace std;
int main()
  { void sort(int x,int y,int z);
    int x,y,z;
    cin >> x >> y >> z;
    sort(x,y,z);
    return 0;
  }
void sort(int x, int y, int z)
  {
    int temp;
    if (x>y) {temp=x;x=y;y=temp;}     //{}内3个语句的作用是将x和y的值互换
    if (z<x)  cout << z << ',' << x << ',' << y << endl;
     else if (z<y) cout << x <<',' << z << ',' << y << endl;
        else cout << x << ',' << y << ',' << z << endl;
  }
```

请分析此程序的作用。sort 函数中的 if 语句是一个嵌套的 if 语句。

运行时先后输入以下几组数据，观察并分析运行结果。

① 3   6   10↙
② 6   3   10↙
③ 10   6   3↙
④ 10, 6, 3↙

【解】 程序的作用是对输入的 3 个整数按由小到大的顺序进行排序。sort 函数中的第 1 个 if 语句的作用是先将 x 和 y 排序，使 x 小于或等于 y。第 2 个 if 语句是一个嵌套的 if 语句，先比较 z 和 x，如果 z<x，显然由小到大的顺序应当是 z，x，y，按此顺序输出；如果 z 不小于 x，而小于 y，显然由小到大的顺序应当是 x，z，y，按此顺序输出；如果 z 既不小于 x，又不小于 y，显然由小到大的顺序应当是 x，y，z，按此顺序输出。

按题目要求分别输入以下几组数据，运行结果如下：

① 3   6   10↙

```
      3, 6, 10
②  6  3  10↙
      3, 6, 10
③  10  6  3↙
      3, 6, 10
④  10, 6, 3↙
      -858993460, -858993460, 10
```

以上是在 Visual C++ 6.0 环境下运行的情况，前 3 次运行正常，表明当输入不同的数据时，程序能实现由小到大的排序功能。第 4 次运行的结果显然不正常，这是由于输入数据时出了问题，本来要求在输入数据时，数据之间以空格或换行相隔，而现在却以逗号相隔，只有第一个整数能正常赋给变量 x，第二和第三个数据均无法正常赋给变量 y 和 z，y 和 z 的值来自输入流中相应字节的内容。

7. 求 2 个或 3 个正整数中的最大数，用带有默认参数的函数实现。

【解】　可以编写出以下程序：

```
#include<iostream>
using namespace std;
int main()
  {int max(int a,int b,int c=0);
  int a,b,c;
  cin >> a >> b >> c;
  cout << " max(a,b,c)= " << max(a,b,c) << endl;
  cout << " max(a,b)= " <<max(a,b) << endl;
  return 0;
  }

int max(int a,int b,int c)
  {if(b>a) a=b;
  if(c>a) a=c;
  return a;
  }
```

运行情况如下：

```
13  5  76↙
max(a, b, c)=76                    （从 3 个数中找最大者）
max(a, b)=13                       （从前 2 个数中找最大者）
```

如果想从 3 个数中找最大者，可以在调用时写成"max(a,b,c)"形式，如果只想从 2 个数中找大者，则在调用时写成"max(a,b)"形式，此时 c 自动取默认值 0，由于 0 比任何正整数都小，因此从 14，5，0 中选最大者和从 14，5 中选大者的结果是一样的。

8. 输入两个整数，将它们按由大到小的顺序输出。要求使用变量的引用。

【解】 可以编写出以下程序：

```cpp
#include<iostream>
using namespace std;
int main()
  { void change(int &,int &);
    int a,b;
    cin>>a>>b;
    if(a<b) change(a,b);                    //如果 a<b，使 a 和 b 的值互换
    cout<<"max="<<a<<" min="<<b<<endl;
    return 0;
  }

void change(int &r1,int &r2)                //函数的作用是使 r1 与 r2 互换
  { int temp;
    temp=r1;
    r1=r2;
    r2=temp;
  }
```

运行情况如下：

<u>12 67</u>↙
max=67 min=12

9. 对 3 个变量按由小到大的顺序排序，要求使用变量的引用。

【解】 可以编写出以下程序：

```cpp
#include<iostream>
using namespace std;
int main()
  {void sort(int &,int &,int &);
    int a,b,c,a1,b1,c1;
    cout<<" Please enter 3 integers:";
    cin>>a>>b>>c;
    a1=a;b1=b;c1=c;
    sort(a1,b1,c1);
    cout<<a<<" "<<b<<" "<<c<<" in sorted order is ";
    cout<<a1<<" "<<b1<<" "<<c1<<endl;
    return 0;
  }
void sort(int &i,int &j,int &k)
  { void change(int &,int &);
    if (i>j) change(i, j);
    if (i>k) change(i, k);
```

```
    if (j>k) change(j, k);
  }
void change(int &x,int &y)
  { int temp;
    temp=x;
    x=y;
    y=temp;
  }
```

运行情况如下：

```
Please enter 3 integers:23  67  -55↙
23 67 -55 in sorted order is -55 23 67
```

这个程序很容易理解，不易出错。由于在调用 sort 函数时虚实结合使形参 i，j，k 成为实参 a1，b1，c1 的引用（别名），因此通过调用函数 sort（a1,b1,c1）既实现了对 i，j，k 排序，也同时实现了对 a1，b1，c1 排序。同样，执行 change（i,j）函数，可以实现对实参 i 和 j 的互换。

10．编写一个程序，将两个字符串连接起来，结果取代第一个字符串。要求用 string 方法。

【解】　可以编写出以下程序：

```
#include<iostream>
#include<string>                //程序中若使用字符串变量，必须包含头文件 string
using namespace std;
int main()
  { string s1= " week ", s2= " end ";
    cout<<" s1= "<<s1<<endl;
    cout<<"s2="<<s2<<endl;
    s1=s1+s2;
    cout<<" The new string is: "<<s1<<endl;
    return 0;
  }
```

运行情况如下：

```
s1=week
s2=end
The new string is: weekend
```

11．输入一个字符串，把其中的字符按逆序输出。如输入 LIGHT，输出 THGIL。要求用 string 方法。

【解】　可以编写出以下程序：

```
#include<iostream>
```

```
#include<string>
using namespace std;
int main()
  { string str;                              //定义字符串变量 str
    int i,n;
    char temp;                               //定义字符变量 temp
    cout<<" please input a string: ";
    cin>>str;                                //输入一个字符串赋给字符串变量 str
    n=str.size();                            //测量 str 的长度 n
    for(i=0;i<n/2;i++)                        //使 str 中的字符对称互换
      {temp=str[i];str[i]=str[n-i-1];str[n-i-1]=temp;}
    cout<<str<<endl;
    return 0;
  }
```

运行情况如下：

```
please input a string:
LIGHT✓
THGIL
```

注意：输入的字符串中不能含有空格。

12．有 5 个字符串，要求将它们按由小到大的顺序排列。要求用 **string** 方法。

【解】　可以编写出以下程序：

```
#include<iostream>
#include<string>
using namespace std;
int main()
  { int i;
    string str[5]={" BASIC"," C"," FORTRAN"," C++","PASCAL"};
    void sort(string[]);
    sort(str);                               //对字符串排序
    cout<<" the sorted strings : "<<endl;
    for(i=0;i<5;i++)
      cout<<str[i]<<" ";                     //按已排好的顺序输出字符串
    cout<<endl;
    return 0;
  }

void sort(string s[])
  {int i, j;
   string t;
   for (j=0; j<5; j++)
     for(i=0; i<5-j; i++)
```

```
    if (s[i]>s[i+1])
       {t=s[i];s[i]=s[i+1];s[i+1]=t;}
 }
```

运行结果如下：

```
the sorted strings :
BASIC C C++ FORTRAN PASCAL
```

13. 编写一个程序，用同一个函数名对 n 个数据进行从小到大排序，数据类型可以是整型、单精度型、双精度型。用重载函数实现。

【解】　可以编写出以下两个程序：

（1）建立 3 个函数，分别用于处理整型、单精度型、双精度型数据的排序，在 3 个函数中都采用起泡法排序方法。

```cpp
#include<iostream>
#include<string>
using namespace std;
int main()
 {
   long a[5]={10100,-123567, 1198783,-165654, 3456};
   int b[5]={1,9,0,23,-45};
   float c[5]={2.4, 7.6, 5.5, 6.6, -2.3 };
   void sort(long []);
   void sort(int []);
   void sort(float []);
   sort(a);
   sort(b);
   sort(c);
   return 0;
 }

void sort(long a[])
 {int i, j;
  long t;
  for (j=0; j<4; j++)
    for(i=0;i<4-j;i++)
      if (a[i]>a[i+1])
        {t=a[i];a[i]=a[i+1];a[i+1]=t;}
  cout<<" the sorted numbers : "<<endl;
  for(i=0;i<5;i++)
    cout<<a[i]<< " ";
  cout<<endl<<endl;
 }
```

```
void sort(int a[])
 {int i, j, t;
  for (j=0; j<4; j++)
    for(i=0;i<4-j;i++)
      if (a[i]>a[i+1])
        {t=a[i];a[i]=a[i+1];a[i+1]=t;}
   cout<<" the sorted numbers: "<<endl;
   for(i=0;i<5;i++)
     cout<<a[i]<< " ";
   cout<<endl<<endl;
   }

void sort(float a[])
 {int i, j;
  float t;
  for (j=0;j<4;j++)
    for(i=0;i<4-j;i++)
      if (a[i]>a[i+1])
        {t=a[i];a[i]=a[i+1];a[i+1]=t;}
   cout<<" the sorted numbers : "<<endl;
   for(i=0;i<5;i++)
     cout<<a[i]<< " ";
    cout<<endl<<endl;
   }
```

运行结果如下：

```
the sorted numbers :
-165654  -123567  3456  10100  1198783          （长整型数据排序）


the sorted numbers :
-45  0  1  9  23                                （整型数据排序）


the sorted numbers :
-2.3  2.4  5.5  6.6  7.6                         （单精度型数据排序）
```

（2）在第（1）种方法中，3 个函数的函数体基本上是相同的，都是采用起泡法排序，在下面的程序中，3 个函数的函数体不全相同，第 1 个函数采用选择法排序，第 2 个函数采用起泡法排序，第 3 个函数采用比较交换法排序。

```
#include<iostream>
#include<string>
using namespace std;
int main()
  { long a[5]= {10100,-123567, 1198783,-165654, 3456};
```

```
    int b[5]={1,9,0,23,-45};
    float c[5]={2.4, 7.6, 5.5, 6.6, -2.3 };
    void sort(int []);
    void sort(float []);
    void sort(long []);
    sort(a);                        //对长整型数据排序
    sort(b);                        //对整型数据排序
    sort(c);                        //对单精度型数据排序
    return 0;
  }

void sort(long a[])                 //对长整型数据用选择法排序的函数
  {int i,j,min;
   long t;
   for(i=0;i<4;i++)
     {min=i;
      for (j=i+1;j<5;j++)
        if(a[min]>a[j]) min=j;
          t=a[i]; a[i]=a[min];a[min]=t;
   cout<<" the sorted numbers : "<<endl;
   for(i=0;i<5;i++)
      cout<<a[i]<< " ";
   cout<<endl<<endl;
  }


void sort(int a[])                  //对整型数据用起泡法排序的函数
  {int i, j, t;
   for (j=0; j<4; j++)
     for(i=0;i<4-j;i++)
       if (a[i]>a[i+1])
         {t=a[i];a[i]=a[i+1];a[i+1]=t;}
   cout<<" the sorted numbers : "<<endl;
   for(i=0;i<5;i++)
      cout<<a[i]<< " ";
   cout<<endl<<endl;
   }

void sort(float a[])                //对单精度型数据用比较交换法排序的函数
  {int i, j;
   float t;
   for (j=0;j<4;j++)
     for(i=I+1;i<5;i++)
       if (a[j]>a[i])
```

```
        {t=a[j];a[j]=a[i];a[i]=t;}
  cout<<" the sorted numbers : "<<endl;
  for(i=0;i<5;i++)
    cout<<a[i]<< " ";
   cout<<endl<<endl;
  }
```

运行结果如下：

```
the sorted numbers :
-165654  -123567  3456  10100  1198783          （长整型数据排序结果）


the sorted numbers :
-45  0  1  9  23                                （整型数据排序结果）


the sorted numbers :
-2.3  2.4  5.5  6.6  7.6                         （单精度型数据排序结果）
```

对比两种方法，可以看到，并不要求重载函数的函数体相同，在本例中，采用不同的排序方法，结果是相同的。从理论上说，重载的函数可以用来实现完全不同的功能，但是应该注意：同一个函数名最好用来实现相近的功能，而不要用来实现完全不相干的功能，以方便用户理解和使用。

14. 对第 13 题改用函数模板实现。并与第 13 题程序进行对比分析。

```
#include<iostream>
#include<string>
using namespace std;
template<typename T>
void sort(T a[])                              //函数模板，采用选择法排序
  {int i, j, min;
   T  t;
   for(i=0;i<5;i++)
     {min=i;
      for (j=i+1; j<5; j++)
       if(a[min]>a[j]) min=j;
      t=a[i]; a[i]=a[min]; a[min]=t;
      }
   cout<<" the sorted numbers : "<<endl;
   for(i=0;i<5;i++)
     cout<<a[i]<< "  ";
   cout<<endl<<endl;
  }

int main()
  { long  a[5]={10100,-123567, 1198783,-165654, 3456};
```

```
    int  b[5]={1,9,0,23,-45};
    float  c[5]={2.4, 7.6, 5.5, 6.6, -2.3 };
    sort(a);
    sort(b);
    sort(c);
    return 0;
}
```

运行结果如下：

```
the sorted numbers :
-123567  -165654  10100  3456  1198783                （长整型数据排序）


the sorted numbers :
-45  0  1  9  23                                      （整型数据排序）


the sorted numbers :
-2.3  2.4  5.5  6.6  7.6                              （单精度型数据排序）
```

对比第 13 题和 14 题，可以看到，如果重载函数的函数体基本相同，用函数模板显然更方便，可以压缩程序篇幅，使用方便。

第2章

类和对象的特性

1. 请检查下面程序，找出其中的错误（先不要上机，在纸面上作人工检查），并改正之。然后上机调试，使之能正常运行。运行时从键盘输入时、分、秒的值，检查输出是否正确。

```
#include<iostream>
using namespace std;
class Time
 { void set_time(void);
   void show_time(void);
   int hour;
   int minute;
   int sec;
 };
Time t;
int main()
 {
  set_time();
  show_time();
  }

void set_time(void)
 {
  cin>>t.hour;
  cin>>t.minute;
  cin>>t.sec;
 }

void show_time(void)
 {
  cout<<t.hour<<":"<<t.minute<<":"<<t.sec<<endl;
 }
```

【解】　程序有以下错误：

（1）set_time 函数和 show_time 函数放在 Time 类的类体中，这表示是 Time 类的成员函数，但是在定义这两个函数时是按一般函数定义的。

（2）在 Time 类中没有指定访问权限（public 或 private），按 C++的规定，如不指定访问权限，按 private 处理。私有的成员在类外是不能调用的，在 set_time 函数和 show_time 函数中都引用了私有成员 hour，minute 和 sec，main 函数调用 set_time 函数和 show_time 函数都是不允许的。

（3）在 main 函数中调用 set_time 函数和 show_time 函数，而这两个函数是在 main 函数之后定义的，而在 main 函数中并未对这两个函数进行声明。

可以将 set_time 函数和 show_time 函数改为普通函数（非成员函数）。在下一题的解答中再将它们处理为成员函数。

（4）在 main 函数的最后缺少返回语句：

```
return 0;
```

修改后的程序如下：

```
#include<iostream>
using namespace std;
class Time
 {public:                          //成员改为公用的
    int hour;
    int minute;
    int sec;
  };
Time t;
void set_time(void)               //在main函数之前定义
 {
  cin>>t.hour;
  cin>>t.minute;
  cin>>t.sec;
 }

void show_time(void)              //在main函数之前定义
 {
  cout<<t.hour<<":"<<t.minute<<":"<<t.sec<<endl;
 }

int main()
 {set_time();
  show_time();
  return 0;
 }
```

运行情况如下：

<u>12 34 56</u>↙
12:34:56

2. 改写《C++面向对象程序设计（第3版）》例 2.1 程序，要求：

（1）将数据成员改为私有的；

（2）将输入和输出的功能改为由成员函数实现；

（3）在类体内定义成员函数。

【解】 修改后的程序如下：

```cpp
#include<iostream>
class Time
  {public:
    void set_time(void)
     {cin>>hour;
      cin>>minute;
      cin>>sec;
     }
    void show_time(void)
     {cout<<hour<<":"<<minute<<":"<<sec<<endl;}
   private:
     int hour;
     int minute;
     int sec;
  };

Time t;
int main()
 {t.set_time();
  t.show_time();
  return 0;
 }
```

程序运行情况同第 1 题。在 set_time 函数和 show_time 函数中引用本对象的数据成员时，不必加对象名（如 t.hour）。当然，加对象名也可以，二者是等价的。但是为了程序的简单易读，习惯上不加对象名。

3. 在第 2 题的基础上进行如下修改：在类体内声明成员函数，而在类外定义成员函数。

【解】 修改后的程序如下：

```cpp
#include<iostream>
class Time
 {public:
   void set_time(void);                    //在类体内声明成员函数
```

```
   void show_time(void);                    //在类体内声明成员函数
   private:
    int hour;
    int minute;
    int sec;
   };

void Time::set_time(void)                   //在类外定义成员函数
  {cin>>hour;
   cin>>minute;
   cin>>sec;
   }

void Time::show_time(void)                  //在类外定义成员函数
  {cout<<hour <<":"<< minute<<":"<< sec<< endl;}

Time t;
int main()
 {
  t.set_time();
  t.show_time();
  return 0;
 }
```

4. 在《C++面向对象程序设计（第 3 版）》的 2.3.3 节中分别给出了包含类定义的头文件 student.h、包含成员函数定义的源文件 student.cpp 以及包含主函数的源文件 main.cpp。请完善该程序，在类中增加一个对数据成员赋初值的成员函数 set_value。上机调试并运行。

【解】　为了便于查找，在本题中将源文件 main.cpp 改名为 xt2-4-1.cpp，student.cpp 改名为 xt2-4-2.cpp，student.h 改名为 xt2-4.h。并对程序作修改，增加了一个对数据成员赋初值的成员函数 set_value。这 3 个文件的内容如下：

（1）文件 xt2-4-1.cpp

```
//xt2-4-1.cpp（即 main.cpp）              这是主函数和有关的 include 指令

#include<iostream>
using namespace std;
#include "xt2-4.h"                        //即"student.h"
int main()
 {Student stud;
  stud.set_value();
  stud.display();
  return 0;
 }
```

（2）文件 xt2-4-2.cpp

//xt2-4-2.cpp（即 student.cpp）　　　　　　　　在此文件中进行函数的定义

```cpp
#include<iostream>
using namespace std;
#include "xt2-4.h"                    //不要漏写此行
void Student::display()               //在类外定义display类函数
  { cout<<"num:"<<num<<endl;
    cout<<"name:"<<name<<endl;
    cout<<"sex:"<<sex<<endl;
  }

void Student::set_value()
  { cin>>num;
    cin>>name;
    cin>>sex;
  }
```

（3）文件 xt2-4.h

//xt2-4.h（即 student.h）　　　　　　　　　　在此文件中进行类的定义

```cpp
class Student
  { public:
      void display();
      void set_value();
    private:
     int num;
     char name[20];
     char sex ;
  };
```

根据对包含多文件的 C++程序的处理方法，对程序进行编译、连接和运行。下面是在 Visual C++ 6.0（中文版）环境下工作的步骤：

（1）建立项目文件。在 Visual C++主窗口中依次选择"文件"→"新建"命令，在弹出的"新建"对话框中单击"工程"标签，在对话框内左边的列表中选择"Win32 Console Application"项，并在右侧"位置"文本框中输入所建的项目文件的位置（即文件路径），这里已经把 xt2-4-1.cpp，xt2-4-2.cpp 和 xt2-4.h 放在 D:/C++子目录下，也准备将新的项目文件放在 D:/C++子目录下，因此输入"D:/C++"。在"工程"文本框中输入项目文件名"xt2_4"（注意，文件名中不能包含减号"–"，只能包含下画线"_"）。然后单击"确定"按钮，出现"Win32 Console Application –step 1 of 1"对话框，在其中选中"An empty project"单选按钮，单击"完成"按钮。此时出现一个"新建工程信息"消息框，在它的下部可以看到已建立了一个项目文件，其路径为 D:/C++/xt2_4。单击"确定"按钮。在窗口左侧可以看到已打开了一个名为"xt2_4"的工作区。

（2）向此项目文件添加内容。方法是：在 Visual C++主窗口中选择"工程"→"添加工程"→"Files…"，此时屏幕上出现"Insert Files into Project"对话框。按文件路径找到并选中源文件 xt2-4-1.cpp，xt2-4-2.cpp 和 xt2-4.h，单击"确定"按钮，就把这 3 个文件添加到项目文件 xt2_4 中了。

（3）编译和连接项目文件 xt2_4。方法是：在 Visual C++主窗口中选择"编译"→"构建 xt2_4.exe"。系统对整个项目文件进行编译和连接，在窗口的下部会显示编译和连接的信息。如果程序有错，会显示出错信息，今程序无错，系统生成一个可执行文件 xt2_4.exe。

（4）执行可执行文件。选择"编译"→"执行 xt2_4.exe"，进入执行阶段。在运行时输入所需的数据：

```
101↙                    （输入学号）
Li↙                     （输入姓名）
f↙                      （输入性别）
num:101                 （输出学号）
name:Li                 （输出姓名）
sex:f                   （输出性别）
```

5．将《C++面向对象程序设计（第 3 版）》的例 2.4 改写为一个多文件的程序：

（1）将类定义放在头文件 arraymax.h 中；

（2）将成员函数定义放在源文件 arraymax.cpp 中；

（3）主函数放在源文件 file1.cpp 中。

请写出完整的程序，上机调试并运行。

【解】　按题目要求将程序分别写成 3 个文件。为了便于查找，将主函数所在的源文件 file1.cpp 改名为 xt2-5-1.cpp，成员函数定义所在的文件 arraymax.cpp 改名为 xt2-5-2.cpp，类定义所在的头文件 arraymax.h 改名为 xt2-5.h。这 3 个文件的内容如下：

（1）文件 xt2-5-1.cpp

//xt2-5-1.cpp（即 file1.cpp）

```
#include<iostream>
using namespace std;
#include "xt2-5.h"
int main()
 {Array_max  arrmax;
  arrmax.set_value();
  arrmax.max_value();
  arrmax.show_value();
  return 0;
  }
```

（2）文件 xt2-5-2.cpp

//xt2-5-2.cpp（即 arraymax.cpp）

```
#include<iostream>
using namespace std;
#include "xt2-5.h"
```

```
void Array_max::set_value()
 { int i;
   for (i=0;i<10;i++)
     cin>>array[i];
 }

void Array_max::max_value()
 {int i;

  max=array[0];
  for (i=1;i<10;i++)
   if(array[i]>max) max=array[i];
  }

void Array_max::show_value()
 {cout<<"max="<<max<<endl;
 }
```

（3）文件 xt2-5.h

//xt2-5.h（即 arraymax.h）

```
class Array_max
 {public:
    void set_value();
    void max_value();
    void show_value();
  private:
    int array[10];
    int max;
 };
```

按第 4 题的方法，在 Visual C++环境下进行编译、连接和运行。运行结果如下：

<u>2 14 27 9 34 67 34 43 -91 16✓</u>   （输入 10 个元素的值）
max=67   （输出 10 个元素中的最大值）

6．需要求 3 个长方柱的体积，请编写一个基于对象的程序。数据成员包括 length（长）、width（宽）、height（高）。要求用成员函数实现以下功能：

（1）由键盘分别输入 3 个长方柱的长、宽、高；

（2）计算长方柱的体积；

（3）输出 3 个长方柱的体积。

请编写程序，上机调试并运行。

【解】

（1）按题目要求可以编程如下：

```
#include<iostream>
using namespace std;
```

```
class Box                                      //定义 Box 类
  {public:
    void get_value();
    float volume();
    void display();
   public:
    float length;
    float width;
    float height;
  };

void Box::get_value()                          //输入数据的函数
  { cout<<"please input length,width,height:";  //对输入的提示
    cin>>length;
    cin>>width;
    cin>>height;
  }

float Box::volume()                            //计算体积的函数
  { return(length*width*height);}

void Box::display()                            //输出结果的函数
  { cout<<volume()<<endl;}

int main()
  {Box box1,box2,box3;                         //定义 3 个 Box 类的对象
   box1.get_value();                           //输入 box1 的数据
   cout<<"volume of box1 is ";                 //对输出 box1 的文字说明
   box1.display();                             //输出 box1 的体积
   box2.get_value();
   cout<<" volume of box2 is ";
   box2.display();
   box3.get_value();
   cout<<" volume of box3 is ";
   box3.display();
   return 0;
  }
```

运行结果如下：

```
please input length,width,height:10.5 24.5 12.3↙
volume of box1 is 3164.18
please input length,width,height:12.3 22.4 11.3↙
volume of box2 is 3113.38
please input length,width,height:8.9 54.24 71.2↙
volume of box1 is 34370.8
```

以上是用 3 个成员函数分别实现输入、计算和输出的功能，volume 函数是 float 型的函数，返回一个实数。在 display 函数中输出 volume 函数的值。

（2）也可以将 volume 函数定义为 void 类型，它也用来计算体积，但不返回体积的值，另设一个数据成员 vol，用来存放体积的值。程序可以改写如下：

```cpp
#include<iostream>
class Box
 {public:
   void get_value();
   void volume();
   void display();
  public:
   float length;
   float width;
   float height;
   float vol;                          //vol 用来存放体积的值
  };

void Box::get_value()
 { cout<<"please input length, width,height:";
   cin>>length;
   cin>>width;
   cin>>height;
 }

void Box::volume()                     //volume 函数为 void 类型
  { vol=length*width*height;}          //体积存放在 vol 中

void Box::display()
  { cout<<vol<<endl;}                  //输出 vol 的值

int main()
 {Box box1,box2,box3;
  box1.get_value();                    //输入 box1 的数据
  box1.volume();                       //计算体积
  cout<<"volume of box1 is ";
  box1.display();                      //输出 box1 的体积
  box2.get_value();
  box2.volume();
  cout<<"volume of box2 is ";
  box2.display();
  box3.get_value();
  box3.volume();
  cout<<"volume of box3 is ";
  box3.display();
  return 0;
 }
```

第 3 章

怎样使用类和对象

1. 构造函数和析构函数的作用是什么? 什么时候需要自己定义构造函数和析构函数?

【解】 略。

2. 分析下面的程序, 写出其运行时的输出结果。

```cpp
#include<iostream>
using namespace std;
class Date
 {public:
  Date(int,int,int);
  Date(int,int);
  Date(int);
  Date();
  void display();
 private:
  int month;
  int day;
  int year;
 };

Date::Date(int m,int d,int y): month(m),day(d),year(y)
 {}

Date::Date(int m,int d): month(m),day(d)
 {year=2005;}

Date::Date(int m):month(m)
 {day=1;
  year=2005;
 }

Date::Date()
```

```
{month=1;
 day=1;
 year=2005;
 }

void Date::display()
{cout<<month<<"/"<<day<<"/"<<year<<endl;}

int main()
 {
   Date d1(10,13,2005);
   Date d2(12,30);
   Date d3(10);
   Date d4;
   d1.display();
   d2.display();
   d3.display();
   d4.display();
   return 0;
 }
```

【解】 程序运行结果为

```
10/13/2005
12/30/2005
10/1/2005
1/1/2005
```

3. 如果将第 2 题中程序的第 5 行改为用默认参数，即

```
Date(int=1,int=1,int=2005);
```

分析程序有无问题。上机编译，分析出错信息，修改程序使之能通过编译。要求保留上面一行给出的构造函数，同时能输出与第 2 题的程序相同的输出结果。

【解】 编译时出错，因为构造函数使用默认参数后就不能再使用重载的构造函数，否则就会有歧义，例如在处理

```
Date d2(12,30);
```

时，系统无法辨别是调用默认参数的构造函数

```
Date(int=1,int=1,int=2005);
```

还是调用重载的构造函数

```
Date(int,int);
```

系统不允许出现这样的矛盾现象，会给出出错信息，要求修改程序。可修改程序如下：

```
#include<iostream>
using namespace std;
class Date
 {public:
   Date(int=1,int=1,int=2005);
   void display();
  private:
   int month;
   int day;
   int year;
 };

Date::Date(int m,int d,int y):month(m),day(d),year(y)
 {}

void Date::display()
 {cout<<month<<"/"<<day<<"/"<<year<<endl;}

int main()
  {
  Date d1(10,13,2005);
  Date d2(12,30);
  Date d3(10);
  Date d4;
  d1.display();
  d2.display();
  d3.display();
  d4.display();
  return 0;
  }
```

删除重载的构造函数，这时再编译，无错误，运行结果同第2题。

4. 建立一个对象数组，内放5个学生的数据（学号、成绩），用指针指向数组首元素，输出第1，3，5个学生的数据。

【解】　程序如下：

```
#include<iostream>
using namespace std;
class Student
 {public:
   Student(int n,float s):num(n),score(s){}
   void display();
  private:
```

```
     int num;
     float score;
   };

void Student::display()
 {cout<<num<<" "<<score<<endl;}

int main()
  {Student stud[5]={Student(101,78.5),Student(102,85.5),Student(103,98.5),
                    Student(104,100.0), Student(105,95.5)};
   Student *p=stud;
   for(int i=0;i<=2;p=p+2,i++)
     p->display();
   return 0;
  }
```

运行时的输出如下：

```
101 78.5
103 98,5
105 95.5
```

5. 建立一个对象数组，内放 5 个学生的数据（学号、成绩），设立一个函数 max，用指向对象的指针作函数参数，在 max 函数中找出 5 个学生中成绩最高者，并输出其学号。

【解】 程序如下：

```
#include<iostream>
using namespace std;
class Student
 {public:
   Student(int n,float s):num(n),score(s){}
   int num;
   float score;
 };

int main()
  {Student stud[5]={ Student(101,78.5),Student(102,85.5),Student(103,98.5),
       Student(104,100.0),Student(105,95.5)};
   void max(Student* );
   Student *p=&stud[0];
   max(p);
   return 0;
  }
```

```
void max(Student *arr)
 {float max_score=arr[0].score;
  int k=0;
  for(int i=1;i<5;i++)
    if(arr[i].score>max_score) {max_score=arr[i].score;k=i;}
  cout<<arr[k].num<<" "<<max_score<<endl;
 }
```

6. 阅读下面程序，分析其执行过程，写出输出结果。

```
#include<iostream>
using namespace std;
class Student
 {public:
   Student(int n,float s):num(n),score(s){}
   void change(int n,float s) {num=n;score=s;}
   void display() {cout<<num<<" "<<score<<endl;}
 private:
   int num;
   float score;
 };

int main()
 {Student stud(101,78.5);
  stud.display();
  stud.change(101,80.5);
  stud.display();
  return 0;
 }
```

【解】 函数 stud.display 的作用是输出对象 stud 中数据成员 num 和 score 的值，函数 stud.change 的作用是改变对象 stud 中数据成员 num 和 score 的值，在调用此函数时给出实参 101 和 80.5，取代了数据成员 num 和 score 原有的值。

程序运行结果如下：

```
101 78.5                    （num 和 score 的原值）
101 80.5                    （num 和 score 的新值）
```

7. 将第 6 题的程序分别作以下修改，分析所修改部分的含义以及编译和运行的情况。

（1）将 main 函数中的第 2 行改为

```
const Student stud(101,78.5);
```

（2）在（1）的基础上修改程序，使之能正常运行，用 change 函数修改数据成员 num 和 score 的值。

（3）将 main 函数改为

```
int main()
 {Student stud(101,78.5);
  Student *p=&stud;
  p->display();
  p->change(101,80.5);
  p->display();
  return 0;
 }
```

其他部分仍同第 6 题的程序。

（4）在（3）的基础上将 main 函数第 3 行改为

```
const  Student *p=&stud;
```

（5）再把 main 函数第 3 行改为

```
Student *const p=&stud;
```

【解】

（1）有两个错误：

① stud 被声明为常对象后，不能调用对象中的一般成员函数（除非把该成员函数也声明为 const 型），因此在 main 函数中调用 stud.display( )和 stud.change( )是非法的。

② 若将对象 stud 声明为常对象，其值是不可改变的，而在主程序中，企图用 stud.change 函数去改变 stud 中数据成员的值，是非法的。

因此程序在编译时出错。如果将程序第 7 行改为

```
void display() const {cout<<num<<" "<<score<<endl;}
```

把 display 函数改为 const 型，可以正常调用 display 函数。如果把第 6 行也改为

```
void change(int n,float s) const {num=n;score=s;}
```

程序编译时仍然出错，这是由于 change 函数企图改变 stud 中数据成员的值。如果删除 main 函数中调用 change 函数的一行（可把它改为注释行），则程序能通过编译，可以正常运行。读者可以自己上机调试一下。

（2）要求用 change 函数修改数据成员 num 和 score 的值，则将数据成员 num 和 score 声明为可变的（mutable）数据成员即可。程序如下：

```
#include<iostream>
using namespace std;
class Student
 {public:
   Student(int n,float s):num(n),score(s){}
   void change(int n,float s) const  {num=n;score=s;}          //常成员函数
   void display()const {cout<<num<<" "<<score<<endl;}          //常成员函数
```

```
 private:
  mutable int num;                        //用 mutable 声明可变的数据成员
  mutable float score;                    //用 mutable 声明可变的数据成员
 };

int main()
 {const Student stud(101,78.5);           //常对象
  stud.display();                         //调用常成员函数
  stud.change(101,80.5);                  //调用常成员函数，修改数据成员
  stud.display();
  return 0;
 }
```

运行结果如下：

101 78.5	（修改前的数据）
101 80.5	（修改后的数据）

（3）根据题目要求，程序改为

```
#include<iostream>
using namespace std;
class Student
 {public:
   Student(int n,float s):num(n),score(s){}
   void change(int n,float s) {num=n;score=s;}
   void display() {cout<<num<<" "<<score<<endl;}
 private:
   int num;
   float score;
 };

int main()
 {Student stud(101,78.5);
  Student *p=&stud;
  p->display();
  p->change(101,80.5);
  p->display();
  return 0;
 }
```

在主函数中定义了指针对象 p，它指向 stud，函数 p->display()相当于 stud.display()。
程序合法，运行结果与第 6 题程序的运行结果相同。
（4）在（3）的基础上将 main 函数第 3 行改为

```
const  Student *p=&stud;
```

程序如下：

```
#include<iostream>
using namespace std;
class Student
 {public:
   Student(int n,float s):num(n),score(s){}
   void change(int n,float s) {num=n;score=s;}
   void display() {cout<<num<<" "<<score<<endl;}
 private:
   int num;
   float score;
 };

int main()
 {Student stud(101,78.5);
  const Student *p=&stud;
  p->display();
  p->change(101,80.5);
  p->display();
  return 0;
 }
```

在主函数中定义了指向 const 对象的指针变量 p，则其指向的对象的值是不能通过指针变量 p 改变的。为了安全，C++也不允许通过指针变量 p 调用对象 stud 中的非 const 成员函数，在 main 函数中调用 p–>display( )和 p–>change( )是非法的。为了能正确调用 stud 中的 display 函数，应将程序第 7 行改为

```
void display() const {cout<<num<<" "<<score<<endl;}
```

即将 display 函数声明为 const 型。这样保证 display 函数只能引用而不能修改类中的数据成员。

此外，p–>change( )企图通过指针变量 p 修改类中的数据成员的值，这也是和指向 const 对象的指针变量的性质不相容的，编译时出错。

在上面的基础上，将程序改为

```
#include<iostream>
using namespace std;
class Student
 {public:
   Student(int n,float s):num(n),score(s){}
   void change(int n,float s) {num=n;score=s;}
   void display() const{cout<<num<<" "<<score<<endl;}   //此行加了 const
 private:
   int num;
```

```
   float score;
 };

int main()
 {Student stud(101,78.5);
  const Student *p=&stud;
  p->display();
  stud.change(101,80.5);              //注意此行修改了
  p->display();
  return 0;
 }
```

在 main 函数中，不是通过指针变量 p 修改数据成员，而直接通过对象名 stud 调用 change 函数，则是允许的，编译能通过。因为并未定义 stud 为常对象，只是定义了 p 是指向 const 对象的指针变量，不能通过指针变量 p 修改类中的数据成员的值，而不通过指针变量 p 修改类中的数据成员的值是可以的。

同样，如果不是通过指针变量 p 调用 display 函数（即 p->display( );），而是通过对象名 stud 调用 display 函数，则不必将 display 函数声明为 const 型。

（5）再把 main 函数第 3 行改为

```
Student *const p=&stud;
```

定义了一个指向对象的常指针，要求指针变量 p 的指向不能改变，只能始终指向对象 stud。今在程序中未改变 p 的指向，因此程序合法，而且不需要在定义 display 和 change 函数时将它们声明为 const 型。程序能通过编译，并正常运行。运行的结果与第 6 题的程序的运行结果相同。

8. 修改第 6 题的程序，增加一个 fun 函数，改写 main 函数。在 main 函数中调用 fun 函数，在 fun 函数中调用 change 和 display 函数。在 fun 函数中使用对象的引用（Student &）作为形参。

【解】　可以编写以下程序：

```
#include<iostream>
using namespace std;
class Student
 {public:
   Student(int n,float s):num(n),score(s){}
   void change(int n,float s) {num=n;score=s;}
   void display() {cout<<num<<" "<<score<<endl;}
 private:
   int num;
   float score;
 };

int main()
```

```
{Student stud(101,78.5);
 void fun(Student &);              //声明 fun 函数
 fun(stud);                        //调用 fun 函数，实参为对象 stud
 return 0;
 }

void fun(Student &stu)            //定义 fun 函数，形参为 Student 类对象的引用
 {stu.display();                  //在 fun 函数中调用 change 和 display 函数
  stu.change(101,80.5);
  stu.display();

 }
```

运行结果如下：

```
101 78.5
101 80.5
```

9. 商店销售某一商品，商店每天公布统一的折扣（discount）。同时允许销售人员在销售时灵活掌握售价（price），在此基础上，对一次购 10 件以上者，还可以享受 9.8 折优惠。现已知当天 3 个销货员的销售情况为：

销货员号（num）	销货件数（quantity）	销货单价（price）
101	5	23.5
102	12	24.56
103	100	21.5

请编程序，计算出当日此商品的总销售款 sum 以及每件商品的平均售价。要求用静态数据成员和静态成员函数。

提示：将折扣 discount、总销售款 sum 和商品销售总件数 n 声明为静态数据成员，再定义静态成员函数 average（求平均售价）和 display（输出结果）。

【解】 可以编写出以下程序：

```
#include<iostream>
using namespace std;
class Product
 {public:
   Product(int m,int q,float p):num(m),quantity(q),price(p){};
   void total();
   static float average();
   static void display();
 private:
   int num;                       //销货员号
   int quantity;                  //销货件数
   float price;                   //销货单价
   static float discount;         //商店统一折扣
```

```
    static float sum;                                //总销售款
    static int n;                                    //商品销售总件数
 };

void Product::total()                                //求销售款和销售件数
 {float rate=1.0;
  if(quantity>10) rate=0.98*rate;
  sum=sum+quantity*price*rate*(1-discount);          //累计销售款
  n=n+quantity;                                      //累计销售件数
 }

void Product::display()                              //输出销售总件数和平均价
 {cout<<sum<<endl;
  cout<<average()<<endl;
 }

float Product::average()                             //求平均价
 {return(sum/n);}

float Product::discount=0.05;                        //对静态数据成员初始化
float Product::sum=0;                                //对静态数据成员初始化
int Product::n=0;                                    //对静态数据成员初始化

int main()
 {Product Prod[3]={Product(101,5,23.5),Product(102,12,24.56),
        Product(103,100,21.5)};    //定义 Product 类对象数组，并给出数据
  for(int i=0;i<3;i++)                               //统计 3 个销货员的销货情况
    Prod[i].total();
  Product::display();                                //输出结果
  return 0;
 }
```

运行结果如下：

```
2387.66                              （总销售款）
20.4073                              （平均售价）
```

读者可以在此基础上对输出结果做一些加工和修饰，如加上必要的文字说明，对输出的数值取两位小数等。

10. 将《C++面向对象程序设计（第 3 版）》例 3.13 程序中的 display 函数不放在 Time 类中，而作为类外的普通函数，然后分别在 Time 和 Date 类中将 display 声明为友元函数。在主函数中调用 display 函数，display 函数分别引用 Time 和 Date 两个类的对象的私有数据，输出年、月、日和时、分、秒。请读者自己完成并上机调试。

【解】 可以编写以下程序：

```cpp
#include<iostream>
using namespace std;
class Date;                          //对 Date 的声明，它是对 Date 的预引用
class Time
  {public:
     Time(int,int,int);
     friend void display(const Date &,const Time &);
                                     //将普通函数 display 声明为朋友

   private:
     int hour;
     int minute;
     int sec;
  };


  Time::Time(int h,int m,int s)
   {hour=h;
    minute=m;
    sec=s;
   }


class Date
 {public:
   Date(int,int,int);
   friend void display(const Date &,const Time &);
                                     //将普通函数 display 声明为朋友

   private:
    int month;
    int day;
    int year;
 };


Date::Date(int m,int d,int y)
 {month=m;
  day=d;
  year=y;
 }


void display(const Date &d,const Time &t)    //是 Time 和 Date 两个类的朋友
 {
  cout<<d.month<<"/"<<d.day<<"/"<<d.year<<endl;
                                  //引用 Date 类对象 t1 中的数据成员
  cout<<t.hour<<":"<<t.minute<<":"<<t.sec<<endl;
                                  //引用 Time 类对象 t1 中的数据成员
```

```
    }

int main()
  {
  Time t1(10,13,56);                      //定义 Time 类对象 t1
  Date d1(12,25,2004);                    //定义 Date 类对象 d1
  display(d1,t1);                         //调用 display 函数，用对象名作实参
  return 0;
  }
```

运行结果如下：

```
12/25/2004
10:13:56
```

11. 将《C++面向对象程序设计（第 3 版）》例 3.13 中的 Time 类声明为 Date 类的友元类，通过 Time 类中的 display 函数引用 Date 类对象的私有数据，输出年、月、日和时、分、秒。

【解】　可以编写以下程序：

```
#include<iostream>
using namespace std;
class Time;
class Date
 {public:
   Date(int,int,int);
   friend Time;                           //将 Time 类声明为朋友类
 private:
   int month;
   int day;
   int year;
 };

Date::Date(int m,int d,int y):month(m),day(d),year(y){}

class Time
 {public:
   Time(int,int,int);
   void display(const Date &);
 private:
   int hour;
   int minute;
   int sec;
 };

Time::Time(int h,int m,int s):hour(h),minute(m),sec(s){}
```

```
void Time::display(const Date &d)
 {
  cout<<d.month<<"/"<<d.day<<"/"<<d.year<<endl;  //引用 Date 类对象 d1 的数据成员
  cout<<hour<<":"<<minute<<":"<<sec<<endl;   //引用 Time 类对象 d1 的数据成员
 }

int main()
{
 Time t1(10,13,56);
 Date d1(12,25,2004);
 t1.display(d1);
 return 0;
}
```

运行结果如下：

```
12/25/2004
10:13:56
```

由于 Time 类是 Date 类的友元类，因此 Time 类中的成员函数都是 Date 类的友元函数，它既可以引用 Time 类对象的数据成员，又可以引用 Date 类对象的数据成员。在引用本类（Time 类）的数据成员时，不必在数据成员名前面加对象名，而在引用 Date 类的数据成员时必须在数据成员名前面加上对象名（如 d.month，d 是形参名，实参是对象 d1，因此 d.month 相当于 d1.month）。

12. 将《C++面向对象程序设计（第3版）》中的例3.14改写为在类模板外定义各成员函数。

【解】 改写后的程序如下：

```
#include<iostream>
using namespace std;
template<class numtype>
class Compare
 {public:
   Compare(numtype a,numtype b);
   numtype max();
   numtype min();
  private:
    numtype x,y;
 };

//在类模板外定义各成员函数
template <class numtype>
Compare<numtype>::Compare(numtype a,numtype b)
  {x=a;y=b;}
```

```
template <class numtype>
numtype Compare<numtype>::max()
 {return (x>y)?x:y;}
template <class numtype>
numtype Compare<numtype>::min()
  {return (x<y)?x:y;}
```

//主函数
```
int main()
 {Compare<int> cmp1(3,7);
  cout<<cmp1.max()<<" is the Maximum of two integer numbers."<<endl;
  cout<<cmp1.min()<<" is the Minimum of two integer numbers."<<endl
<<endl;
  Compare<float> cmp2(45.78,93.6);
  cout<<cmp2.max()<<" is the Maximum of two float numbers."<<endl;
  cout<<cmp2.min()<<" is the Minimum of two float numbers."<<endl<<endl;
  Compare<char> cmp3('a','A');
  cout<<cmp3.max()<<" is the Maximum of two characters."<<endl;
  cout<<cmp3.min()<<" is the Minimum of two characters."<<endl;
  return 0;
 }
```

运行结果为

```
7 is the Maximum of two integers.
3 is the Minimum of two integers.

93.6 is the Maximum of two float numbers.
45.78 is the Minimum of two float numbers.

a is the Maximum of two characters.
A is the Minimum of two characters .
```

第 4 章

对运算符进行重载

1. 定义一个复数类 Complex，重载运算符"+"，使之能用于复数的加法运算。将运算符函数重载为非成员、非友元的普通函数。编写程序，求两个复数之和。

【解】 根据题意，可编程序如下：

```
#include<iostream>
using namespace std;
class Complex
 {public:
    Complex(){real=0;imag=0;}
    Complex(double r,double i){real=r;imag=i;}
    double get_real();                          //声明get_real函数
    double get_imag();                          //声明get_imag函数
    void display();
  private:
    double real;
    double imag;
 };

double Complex::get_real()                      //取数据成员real（实部）的值
  {return real;}

double Complex::get_imag()                      //取数据成员imag（虚部）的值
  {return imag;}

void Complex::display()
  {cout<<"("<<real<<","<<imag<<"i)"<<endl;}

Complex operator+(Complex &c1,Complex &c2)
  {return Complex(c1.get_real()+c2.get_real(),c1.get_imag()+c2.get_imag());}

int main()
  {Complex c1(3,4),c2(5,-10),c3;
   c3=c1+c2;
```

```
    cout<<"c3=";
    c3.display();
    return 0;
}
```

运行结果如下：

```
c3=(8,-6i)
```

说明：

（1）运算符重载函数既不是类 Complex 的成员函数，也不是类 Complex 的友元函数，而是一个普通函数。

（2）由于运算符重载函数 operator+是非成员和非友元的普通函数，因此它不能直接引用 Complex 类中的私有成员，在此函数中以下写法是错误的：

```
return Complex(c1.real+c2.real,c1.imag+c2.imag);
```

只能通过 Complex 类中的公用函数 get_real 和 get_imag 去引用类的私有成员 real 和 imag。

（3）公用函数 get_real 和 get_imag 的类型是 double，get_real( )的返回值是 real，get_imag( )的返回值是 imag。因此，c1.get_real( )+c2.get_real( )就相当于 c1.real + c2.real，而 c1.get_imag( )+c2.get_imag( )就相当于 c1.imag+c2.imag。运算符重载函数的返回值是两个复数 c1 和 c2 之和。

（4）虽然程序能正常运行，且结果正确，但这个程序并不是理想的。请看引用 Complex 类对象私有成员的步骤：在主函数中用 c1+c2 调用运算符重载函数 operator+ → 在运算符重载函数中调用 Complex 类的公用函数 get_real 和 get_imag → get_real 和 get_imag 引用本类中的私有成员。兜了一个圈子，很不直观，很不方便。显然这种方法不如将运算符函数重载为成员函数和友元函数方便。

（5）本习题的目的是：①学习编写基于对象的程序，提高编程能力，学会在不同的情况下找到解决问题的方法；②更重要的是比较运算符函数重载的不同方法，得到一个结论：一般不把运算符函数重载为非成员和非友元的普通函数。

2．定义一个复数类 Complex，重载运算符"+""−""*""/"，使之能用于复数的加、减、乘、除。运算符重载函数作为 Complex 类的成员函数。编写程序，分别求两个复数之和、差、积和商。

【解】 从数学知识可知：

如果有两个复数：$m = a + bi, n = c + di$。复数的加、减、乘、除的公式如下：

（1）复数加法：$m + n = a + bi + c + di = (a + c) + (b + d)i$

（2）复数减法：$m - n = a + bi - c - di = (a - c) + (b - d)i$

（3）复数乘法：$m \times n = (a + bi)(c + di) = ac + bci + adi + bdi^2 = (ac - bd) + (bc + ad)i$

（4）复数除法：

$$\frac{m}{n} = \frac{a+bi}{c+di} = \frac{(a+bi)(c-di)}{(c+di)(c-di)} = \frac{ac+bci-adi-bdi^2}{c^2+d^2} = \frac{(ac+bd)+(bc-ad)i}{c^2+d^2}$$

$$= \frac{ac+bd}{c^2+d^2} + \frac{bc-ad}{c^2+d^2}i$$

根据以上公式，可以写出以下程序：

```cpp
#include<iostream>
using namespace std;
class Complex
  {public:
    Complex(){real=0;imag=0;}
    Complex(double r,double i){real=r;imag=i;}
    Complex operator + (Complex &c2);
    Complex operator - (Complex &c2);
    Complex operator*(Complex &c2);
    Complex operator/(Complex &c2);
    void display();
  private:
    double real;
    double imag;
  };

Complex Complex::operator + (Complex &c2)        //重载运算符"+"
  {Complex c;
    c.real=real+c2.real;                          //计算实部
    c.imag=imag+c2.imag;                          //计算虚部
    return c;}

Complex Complex::operator- (Complex &c2)         //重载运算符"-"
  {Complex c;
    c.real=real- c2.real;                         //计算实部
    c.imag=imag- c2.imag;                         //计算虚部
    return c;}

Complex Complex::operator*(Complex &c2)          //重载运算符"*"
  {Complex c;
    c.real=real*c2.real-imag*c2.imag;             //计算实部
    c.imag=imag*c2.real+real*c2.imag;             //计算虚部
    return c;}

Complex Complex::operator/(Complex &c2)          //重载运算符"/"
  {Complex c;
    c.real=(real*c2.real+imag*c2.imag)/(c2.real*c2.real+c2.imag*c2.imag);
                                                  //计算实部
    c.imag=(imag*c2.real-real*c2.imag)/(c2.real*c2.real+c2.imag*c2.imag);
                                                  //计算虚部
```

```
    return c;}
void Complex::display()
  {cout<<"("<<real<<","<<imag<<"i)"<<endl;}        //输出复数


int main()
  {Complex c1(3,4),c2(5,-10),c3;
   c3=c1+c2;
   cout<<"c1+c2=";
   c3.display();
   c3=c1- c2;
   cout<<"c1- c2=";
   c3.display();
   c3=c1*c2;
   cout<<"c1*c2=";
   c3.display();
   c3=c1/c2;
   cout<<"c1/c2=";
   c3.display();
   return 0;
  }
```

运行结果如下：

```
c1 + c2=(8,-6i)
c1 - c2=(-2,14i)
c1*c2=(55,-10i)
c1/c2=(-0.2,0.4i)
```

3. 定义一个复数类 Complex，重载运算符 "+"，使之能用于复数的加法运算。参加运算的两个运算量可以都是类对象，也可以其中有一个是整数，顺序任意。例如：c1+c2，i+c1，c1+i 均合法（设 i 为整数，c1，c2 为复数）。编写程序，分别求两个复数之和、整数和复数之和。

【解】　程序如下：

```
#include<iostream>
using namespace std;
class Complex
  {public:
    Complex(){real=0;imag=0;}
    Complex(double r,double i){real=r;imag=i;}
    Complex operator+(Complex &c2);               //运算符重载为成员函数
    Complex operator+(int &i);                    //运算符重载为成员函数
    friend Complex operator+(int&,Complex &);     //运算符重载为友元函数
    void display();
  private:
```

```
  double real;
  double imag;
};

Complex Complex::operator+(Complex &c)                //定义成员运算符函数
  {return Complex(real+c.real,imag+c.imag);}

Complex Complex::operator+(int &i)                    //定义成员运算符函数
  {return Complex(real+i,imag);}

void Complex::display()
  {cout<<"("<<real<<","<<imag<<"i)"<<endl;}

Complex operator+(int &i,Complex &c)                  //定义友元运算符函数
  {return Complex(i+c.real,c.imag);}

int main()
  {Complex c1(3,4),c2(5,-10),c3;
   int i=5;
   c3=c1+c2;
   cout<<"c1+c2=";
   c3.display();
   c3=i+c1;
   cout<<"i+c1=";
   c3.display();
   c3=c1+i;
   cout<<"c1+i=";
   c3.display();
   return 0;
  }
```

运行结果如下：

```
c1+c2=(8,- 6i)
i+c1=(8,4i)
c1+i=(8,4i)
```

在程序中对运算符“+”进行了 3 次重载，分别是

```
Complex operator+(Complex &,Complex &);               //形参为类对象和类对象
Complex operator+(Complex &,int &);                   //形参为类对象和整型数
Complex operator+(int &,Complex &);                   //形参为整型数和类对象
```

由于前两个重载函数的第一个参数为类对象，所以将它们作为类的成员函数，函数的第一个参数也可以省略。第 3 个重载函数的第一个参数为 int 型，不是类对象，不能作为类的成员函数，只能作为友元函数，函数的两个参数不能省略。

　　也可以将以上 3 个运算符函数都重载为友元函数，这时 3 个运算符函数都有两个参数，不能省略。注意在友元函数中引用数据成员必须用对象名（如 c.real，c.imag）。

　　4．有两个矩阵 a 和 b，均为 2 行 3 列。求两个矩阵之和。重载运算符"+"，使之能用于矩阵相加。如：c=a+b。

　　【解】　程序如下：

```cpp
#include<iostream>
using namespace std;
class Matrix                                    //定义 Matrix 类
 {public:
   Matrix();                                    //默认构造函数
   friend Matrix operator+(Matrix &,Matrix &);  //重载运算符"+"
   void input();                                //输入数据函数
   void display();                              //输出数据函数
  private:
   int mat[2][3];
 };

Matrix::Matrix()                                //定义构造函数
  {for(int i=0;i<2;i++)
    for(int j=0; j<3; j++)
     mat[i][j]=0;
  }

Matrix operator+(Matrix &a,Matrix &b)           //定义重载运算符+函数
  {Matrix c;
   for(int i=0;i<2;i++)
     for(int j=0; j<3; j++)
       {c.mat[i][j]=a.mat[i][j]+b.mat[i][j];}
   return c;
  }

void Matrix::input()                            //定义输入数据函数
  {cout<<"input value of matrix:"<<endl;
   for(int i=0;i<2;i++)
    for(int j=0; j<3; j++)
    cin>>mat[i][j];
  }
void Matrix::display()                          //定义输出数据函数
  {for (int i=0;i<2;i++)
    {for(int j=0; j<3; j++)
     {cout<<mat[i][j]<<" ";}
      cout<<endl;}
  }
```

```
int main()
  {Matrix a,b,c;
   a.input();
   b.input();
   cout<<endl<<" Matrix a:"<<endl;
   a.display();
   cout<<endl<<" Matrix b:"<<endl;
   b.display();
   c=a+b;                                    //用重载运算符"+"实现两个矩阵相加
   cout<<endl<<" Matrix c = Matrix a + Matrix b :"<<endl;
   c.display();
   return 0;
  }
```

运行结果如下：

```
input value of matrix:11 22 33 44 55 66↙
input value of matrix:12 13 14 15 16 17↙

Matrix a:
11 22 33
44 55 66

Matrix b:
12 13 14
15 16 17

Matrix c = Matrix a + Matrix b :
23 35 47
59 71 83
```

在定义对象 a，b，c 时没有给出实参，因为需要给各矩阵的所有元素赋值，数据量较大，故改用一个专门的函数 input 负责输入数据。在建立对象时，调用默认构造函数，使全部元素的初值为 0。

定义重载运算符"+"并不难，把矩阵 a 和 b 中对应的元素相加，赋给矩阵 c 的相应元素。

说明：以上程序是正确的，在 GCC 中能通过，但在 Visual C++ 6.0 环境下，此程序编译时通不过。Visual C++ 6.0 提供的头文件不支持运载符重载为友元函数。此时可将程序第 1，2 行改为下面一行即可

```
#include<iostream.h>
```

以后在用 Visual C++ 6.0 时若遇此情况，也可按此处理。

5. 在第 4 题的基础上，重载流插入运算符"<<"和流提取运算符">>"，使之能用

于该矩阵的输入和输出。

【解】　程序如下:

```
#include<iostream>
using namespace std;
class Matrix
 {public:
   Matrix();
   friend Matrix operator+(Matrix &,Matrix &);   //重载运算符"+"的函数声明
   friend ostream& operator<<(ostream&,Matrix&);  //重载运算符"<<"的函数声明
   friend istream& operator>>(istream&,Matrix&);  //重载运算符">>"的函数声明
  private:
   int mat[2][3];
 };


Matrix::Matrix()
  {for(int i=0;i<2;i++)
    for(int j=0; j<3; j++)
      mat[i][j]=0;}

Matrix operator+(Matrix &a,Matrix &b)          //定义运算符"+"的重载函数
  {Matrix c;
   for(int i=0;i<2;i++)
    for(int j=0; j<3; j++)
      {c.mat[i][j]=a.mat[i][j]+b.mat[i][j];}
   return c;
  }

istream& operator>>(istream &in,Matrix &m)     //定义运算符">>"的重载函数
  {cout<<"input value of matrix:"<<endl;
   for(int i=0;i<2;i++)
    for(int j=0; j<3; j++)
    in>>m.mat[i][j];
   return in;
  }

ostream& operator<<(ostream &out,Matrix &m)    //定义运算符"<<"的重载函数
  {for (int i=0;i<2;i++)
    {for(int j=0; j<3; j++)
     out<<m.mat[i][j]<<" ";
     out<<endl;}
   return out;
```

```
  }

int main()
  { Matrix a,b,c;
   cin>>a;                                               //用cin输入矩阵
   cin>>b;
   cout<<endl<<" Matrix a:"<<endl<<a<<endl;             //用cout输出矩阵
   cout<<endl<<" Matrix b:"<<endl<<b<<endl;
   c=a+b;
   cout<<endl<<" Matrix c = Matrix a + Matrix b :"<<endl<<c<<endl;
   return 0;
  }
```

运行情况与第4题相同。

通过此例可以看到使用运算符重载后，对矩阵的操作就显得很简单、直观，如同对标准类型的操作一样。

6. 请编写程序，处理一个复数与一个double数相加的运算，结果存放在一个double型的变量d1中，输出d1的值，再以复数形式输出此值。定义Complex（复数）类，在成员函数中包含重载类型转换运算符：

```
operator double(){return real;}
```

【解】 程序如下：

```
#include<iostream>
using namespace std;
class Complex
 {public:
   Complex(){real=0;imag=0;}
   Complex(double r){real=r;imag=0;}
   Complex(double r,double i){real=r;imag=i;}
   operator double(){return real;}                      //重载类型转换运算符
   void display();
  private:
   double real;
   double imag;
 };

void Complex::display()
  {cout<<"("<<real<<", "<<imag<<")"<<endl;}

int main()
  {Complex c1(3,4),c2;
   double d1;
   d1=2.5+c1;           //将c1转换为double型数，与2.5相加，结果为double型数
```

```
    cout<<"d1="<<d1<<endl;              //输出 double 型变量 d1 的值
    c2=Complex(d1);                     //将 d1 再转换为复数
    cout<<"c2=";
    c2.display();                       //输出复数 c2
    return 0;
 }
```

运行结果如下：

```
d1=5.5
c2=(5.5, 0)
```

说明：

（1）在 Complex 类中重载了类型转换运算符 double：

```
operator double(){return real;}
```

从函数本身形式上看，好像看不出函数的作用是将一个复数转换成为一个 double 型数据。但应注意函数是在 Complex 类体中定义的。函数体内 "return real;" 语句中的 real 就是 Complex::real。执行函数的过程就是从 Complex 类对象中找到数据成员 real（实部），并把它作为函数返回值，故得到一个 double 型数据。

在处理表达式 "2.5+c1" 时，由于二者的类型不同，如果没有重载强制类型转换运算符，二者是不能相加的。由于在 Complex 类中已重载了类型转换运算符 double，在程序编译时，编译系统找到了此函数，并将 Complex 类对象 c1（复数）转换成为一个 double 型数据 3.0，然后将 2.5 与 3.0 相加，得 5.5。用 cout 语句输出 d1 的值。

（2）如果想将 d1 以复数形式表示，可以利用转换构造函数将 d1 转换为 Complex 类对象。即 Complex（d1），主函数最后两行就是为了处理这个问题。

（3）如果想把 "2.5+c1" 处理为两个复数相加，而不是按两个 double 数相加，希望得到的结果是（5.5,4i），请问程序应当怎样修改，请读者自己完成之。

7. 定义一个 Teacher（教师）类和一个 Student（学生）类，二者有一部分数据成员是相同的，例如 num（号码），name（姓名），sex（性别）。编写程序，将一个 Student 对象（学生）转换为 Teacher（教师）类，只将以上 3 个相同的数据成员移植过去。可以设想为：一位学生大学毕业了，留校担任教师，他原有的部分数据对现在的教师身份来说仍然是有用的，应当保留并成为其教师的数据的一部分。

【解】　为了简化程序，除了题目指定的 3 个相同的数据成员外，Student 类只增加一个数据成员 score（成绩），Teacher 类只增加一个数据成员 pay（工资）。按题目要求编程如下：

```
#include<iostream>
using namespace std;
class Student                           //定义学生类
  {public:
    Student(int,char[ ],char,float);    //构造函数声明
```

```
    int get_num(){return num;}                          //返回 num 的值
    char * get_name(){return name;}                     //返回 name 的值
    char get_sex(){return sex;}                         //返回 sex 的值
    void display()
     {cout<<"num:"<<num<<"\nname:"<<name<<"\nsex:"<<sex<<"\nscore:"
<<score<<"\n\n";}
   private:
    int num;
    char name[20];
    char sex;
    float score;                                        //成绩
  };

Student::Student(int n,char nam[],char s,float sco)     //定义 Student 构造函数
 {num=n;
  strcpy(name,nam);
  sex=s;
  score=sco;
 }

class Teacher                                           //定义教师类
 {public:
    Teacher(){}                                         //默认构造函数
    Teacher(Student&);                                  //转换构造函数
    Teacher(int n,char nam[],char sex,float pay);       //构造函数重载
    void display();
   private:
    int num;
    char name[20];
    char sex;
    float pay;                                          //工资
  };

Teacher::Teacher(int n,char nam[],char s,float p)       //定义 Teacher 构造函数
  {num=n;
   strcpy(name,nam);
   sex=s;
   pay=p;
  }

Teacher::Teacher(Student& stud)                         //定义转换构造函数
 {num=stud.get_num();//将 Student 类对象的 num 成员转换为 Teacher 类对象的 num
  strcpy(name,stud.get_name());
  sex=stud.get_sex();
  pay=1500;                                             //假定试用期临时工资一律为 1500 元
```

```
    }
    void Teacher::display()                    //输出教师的信息
      {cout<<"num:"<<num<<"\nname:"<<name<<"\nsex:"<<sex<<"\npay:"<<pay<<
"\n\n";}

    int main()
      {Teacher teacher1(10001," Li",'f',1234.5),teacher2;
       Student student1(20010," Wang",'m',89.5);
       cout<<"student1:"<<endl;
       student1.display();                     //输出学生 student1 的信息
       teacher2=Teacher(student1);             //将 student1 转换为 Teacher 类对象
       cout<<"teacher2:"<<endl;
       teacher2.display();                     //输出教师 teacher2 的信息
       return 0;
      }
```

运行结果如下：

```
student1:
num:20010
name:Wang
sex:m
score:89.5

Teacher2:
num:20010
name:Wang
sex:m
pay:1500
```

说明：

（1）本题的目的是说明用转换构造函数可以将一种类的对象程序转换为另一种类的对象。在程序中有转换构造函数

```
Teacher::Teacher(Student& stud);
```

它的作用是将 Student 类的对象转换为 Teacher 类的对象。请读者注意：怎样进行转换，完全是由程序设计者自己决定的，系统不会自动按某一原则进行转换。譬如在本程序中规定将 Student 类的对象的 num，name 和 sex 这 3 个数据成员的值作为 Teacher 类对象相应成员的值，并将新教师的工资 pay 定为 1500，这都是根据具体情况决定的。如果有另一个人也将 Student 类的对象转换为 Teacher 类的对象，他可能作出另一种转换模式。

（2）在 Student 类中有以下 3 个函数：

```
int get_num();char  * get_name();char get_sex()
```

它们的作用是得到 Student 类中的 num，name 和 sex 的值。由于它们是 Student 类中的私有成员，在 Student 类以外是不能通过对象名来引用它们的，因此在 Teacher 类的转换构造函数中不能像下面这样引用它们。

```
Teacher::Teacher(Student& stud)
 {num=stud.num;                    //不能在 Student 类外通过对象名来引用
  strcpy(name,stud.name);
  sex=stud.sex;
  pay=1500;
}
```

只能在 Student 类中定义以上 3 个公用函数，在类外可以调用这 3 个公用函数，通过它们去访问 Student 类中的私有成员，这 3 个私有成员的值就是 3 个函数的返回值。把函数的返回值赋给 Teacher 类相应的成员。这是合法的、可行的。

（3）在 Student 类的 display 成员函数中有这样的语句：

```
cout<<"num:"<<num<<"\nname:"<<name<<"\nsex:"<<sex<<"\nscore:"<<score
<<"\n\n";
```

其中，"\n" 的作用是换行，相当于 endl，由于在本书的程序按照多数 C++专业人员的习惯主要用 endl 实现换行，因此有的读者可能对它不大熟悉，但是读者对这种用法也应该熟悉。上面的语句相当于

```
cout<<"num:"<<num<<endl<<"name:"<<name<<endl<<"sex:"<<sex<<endl<<
"score:"<<score<<endl<<endl;
```

在本程序中之所以用 "\n"，主要是为了减少语句长度，使程序精练些。

第 5 章

继承与派生

1. 将《C++面向对象程序设计（第 3 版）》中例 5.1 的程序片段补充和改写成一个完整、正确的程序，用公用继承方式。在程序中应包括输入数据的函数，在程序运行时输入 num，name，sex，age，addr 的值，程序应输出以上 5 个数据的值。

【解】 根据题意，写出程序如下：

```cpp
#include<iostream>
using namespace std;
class Student
  {public:
    void get_value()
     {cin>>num>>name>>sex;}          //输入基类的 3 个私有数据成员的值
    void display()
      {cout<<"num: "<<num<<endl;      //输出基类的 3 个私有数据成员的值
       cout<<"name: "<<name<<endl;
       cout<<"sex: "<<sex<<endl;}
    private :
      int num;
      char name[10];
      char sex;
  };

class Student1: public Student      //定义公用派生类 Student1
  {public:
    void get_value_1()               //函数的作用是输入 5 个数据成员的值
     {get_value();                    //调用函数，输入基类的 3 个私有数据成员的值
      cin>>age>>addr;                 //输入派生类的两个私有数据成员的值
     }
    void display_1()
      {cout<<"age: "<<age<<endl;      //输出派生类两个私有数据成员的值
       cout<<"address: "<<addr<<endl;
      }
```

```
    private:
        int age;
        char addr[30];
    };

int main()
  {Student1 stud1;              //定义公用派生类 Student1 的对象 stud1
   stud1.get_value_1();         //输入 5 个数据
   stud1.display();             //输出基类的 3 个私有数据成员的值
   stud1.display_1();           //输出派生类两个私有数据成员的值
   return 0;
   }
```

运行结果如下：

```
10101 Li M 20 Beijing↙
num:10101
name:Li
sex:M
age:20
address:Beijing
```

实际上，程序还可以改进，在派生类的 display_1 函数中调用基类的 display 函数，在主函数中只要写一行

```
    stud1.display_1();
```

即可输出 5 个数据。本题程序只是为了说明派生类成员的引用方法。读者可参考本章第 2 题的程序。

2. 将《C++面向对象程序设计（第 3 版）》中例 5.2 的程序片段补充和改写成一个完整、正确的程序，用私有继承方式。在程序中应包括输入数据的函数，在程序运行时输入 num，name，sex，age，addr 的值，程序应输出以上 5 个数据的值。

【解】 根据题意，写出程序如下：

```
#include<iostream>
using namespace std;
class Student
  {public:
    void get_value()
      {cin>>num>>name>>sex;}
    void display()
      {cout<<"num: "<<num<<endl;
       cout<<"name: "<<name<<endl;
       cout<<"sex: "<<sex<<endl;}
    private:
```

```
        int num;
        char name[10];
        char sex;
    };


    class Student1: private Student          //定义私有派生类 Student1
    {public:
      void get_value_1()
         {get_value();
          cin>>age>>addr;}
      void display_1()
         {display();                          //调用基类中的公用成员函数
          cout<<"age: "<<age<<endl;          //引用派生类的私有成员，正确
          cout<<"address: "<<addr<<endl;}    //引用派生类的私有成员，正确
     private:
        int age;
        char addr[30];
    };


    int main()
    {Student1 stud1;
     stud1.get_value_1();
     stud1.display_1();                       //只须调用一次 stud1.display_1()
     return 0;
    }
```

本程序能通过编译，可正常运行，运行结果同第 2 题。通过此题，可以看到怎样正确引用基类中的私有成员。

3. 将《C++ 面向对象程序设计（第 3 版）》中例 5.3 的程序修改、补充，写成一个完整、正确的程序，用保护继承方式。在程序中应包括输入数据的函数。

【解】 根据题意，写出程序如下：

```
#include<iostream>
using namespace std;
class Student                                //声明基类
{public:                                     //基类公用成员
  void get_value();
  void display();
 protected :                                 //基类保护成员
  int num;
  char name[10];
  char sex;
};


void Student::get_value()
```

```
   {cin>>num>>name>>sex;}

void Student::display()
 {cout<<"num: "<<num<<endl;
  cout<<"name: "<<name<<endl;
  cout<<"sex: "<<sex<<endl;
 }

class Student1: protected Student      //声明一个保护派生类
  {public:
     void get_value_1();
     void display1();
   private:
     int age;
     char addr[30];
  };

void Student1::get_value_1()
 {get_value();
  cin>>age>>addr;
 }
void Student1::display1()
  {cout<<"num: "<<num<<endl;           //引用基类的保护成员
   cout<<"name: "<<name<<endl;         //引用基类的保护成员
   cout<<"sex: "<<sex<<endl;           //引用基类的保护成员
   cout<<"age: "<<age<<endl;           //引用派生类的私有成员
   cout<<"address: "<<addr<<endl;      //引用派生类的私有成员
  }

int main()
 {Student1 stud1;                      //stud1 是派生类 student1 类的对象
  stud1.get_value_1();                 //调用派生类对象 stud1 的公用成员函数
  stud1.display1();                    //调用派生类对象 stud1 的公用成员函数
  return 0;
 }
```

本程序能通过编译，可正常运行，运行结果同第 2 题。

4．修改《C++ 面向对象程序设计（第 3 版）》中例 5.3 的程序，改为用公用继承方式。上机调试程序，使之能正确运行并得到正确的结果。对这两种继承方式作比较分析，考虑在什么情况下二者不能互相代替。

【解】 根据题意，写出程序如下：

```
#include<iostream>
using namespace std;
class Student                          //声明基类
```

```
  {public:                              //基类公用成员
    void get_value();
    void display();
   protected:                           //基类保护成员
      int num;
      char name[10];
      char sex;
   };

void Student::get_value()
 {cin>>num>>name>>sex;}

void Student::display()
 {cout<<"num: "<<num<<endl;
  cout<<"name: "<<name<<endl;
  cout<<"sex: "<<sex<<endl;
 }

class Student1: public Student          //声明一个公用派生类
  {public:
     void get_value_1();
     void display1();
   private:
     int age;
     char addr[30];
   };

void Student1::get_value_1()
 {get_value();
  cin>>age>>addr;
 }
void Student1::display1()
  {cout<<"num: "<<num<<endl;          //引用基类的保护成员，合法
   cout<<"name: "<<name<<endl;        //引用基类的保护成员，合法
   cout<<"sex: "<<sex<<endl;          //引用基类的保护成员，合法
   cout<<"age: "<<age<<endl;          //引用派生类的私有成员，合法
   cout<<"address: "<<addr<<endl;     //引用派生类的私有成员，合法
  }

int main()
  {Student1 stud1;                     //stud1 是派生类 student1 类的对象
   stud1.get_value_1();                //调用派生类对象 stud1 的公用成员函数 get_value_1
   stud1.display1();                   //调用派生类对象 stud1 的公用成员函数 display1
   return 0;
  }
```

60

本程序能通过编译，可正常运行，运行结果同第 2 题。

将此程序与第 3 题比较，只有在定义派生类时采用继承方式不同（在本题中用公用继承方式代替了第 3 题的保护继承方式），其他部分完全相同，运行结果也完全相同。但千万不要得出错误的结论，以为在任何情况下二者可以互相替换。要作具体分析。

对两个程序的执行过程作比较，见表 5.1。

表　5.1

内　　容	第3题的程序(保护继承)	本题（公用继承）
（1）stud2.get_value_2( );	调用派生类公用成员函数	调用派生类公用成员函数
（2）在 stud2.get_value_2 函数中调用基类 get_value 函数	get_value 函数在派生类中是保护成员函数	get_value 函数在派生类中是公用成员函数
（3）get_value 函数引用 num 等	num 等为保护成员，可以引用	num 等为保护成员，可以引用
（4）stud2.display( );	调用派生类公用成员函数	调用派生类公用成员函数
（5）在 stud2.display 函数中引用 num,name,sex	num,name,sex 是保护成员	num,name,sex 是保护成员
（6）在 stud2.display 函数中引用 age,addr	age,addr 是保护成员	age,addr 是保护成员

可以看到，两者只有第 2 点是不同的，在保护继承时，get_value 函数在派生类中是保护成员函数，而在公用继承时，它在派生类中是公用成员函数，但都可以被派生类的成员函数调用，效果相同，因此，两者的执行过程是相同的，运行结果也当然相同。

但是如果把程序修改如下（程序 2）：

```
#include<iostream>
using namespace std;
class Student                              //声明基类
  {public:                                 //基类公用成员
    void get_value();
    void display();
   protected :                             //基类保护成员
    int num;
    char name[10];
    char sex;
  };

void Student::get_value()                  //函数的作用是输入 3 个数据
  {cin>>num>>name>>sex;}

void Student::display()                    //函数的作用是输出 3 个数据
  {cout<<"num: "<<num<<endl;
   cout<<"name:"<<name<<endl;
   cout<<"sex:"<<sex<<endl;
  }
   class Student1: protected Student       //声明一个保护派生类
```

```
 {public:
    void get_value_1();
    void display1();
  private:
    int age;
    char addr[30];
  };

void Student1::get_value_1()        //函数的作用是输入两个数据
 {cin>>age>>addr;}

void Student1::display1()           //函数的作用是输出两个数据
  {cout<<"age:"<<age<<endl;
   cout<<"address:"<<addr<<endl;
  }

int main()
  {Student1 stud1;                  //stud1 是派生类 student1 类的对象
   Stud1.get_value();              //出错！调用派生类对象 stud1 的保护函数
   Stud1.get_value_1();           //正确！调用派生类对象 stud1 的公用成员函数
   Stud1.display();               //出错！调用派生类对象 stud1 的保护函数
   Stud1.display1();              //正确！调用派生类对象 stud1 的公用成员函数
   return 0;
  }
```

在定义派生类 Student1 时声明为公用继承，程序能通过编译，正常运行。但如果改为保护继承，则编译时出错。对程序 1 和程序 2 的分析见表 5.2。

表　5.2

内　　容	程序 1（公用继承）	程序 2（保护继承）
stud1.get_value( );	调用基类的公用函数 get_value，它在派生类中仍为公用函数	调用基类的公用函数 get_value，它在派生类中为保护函数
stud1.display( );	调用基类的公用函数 display，它在派生类中仍为公用函数	调用基类的公用函数 display，它在派生类中为保护函数

get_value 和 display 函数是基类的公用函数，在公用继承时，它在派生类中仍为公用函数，可以在类外通过对象名来调用它，但在保护继承时，它在派生类中为保护函数，可以被派生类的成员函数调用，但不能被派生类外通过对象名调用。因此编译出错。

不同的继承方式使派生类的成员具有不同的特性，会对程序的执行产生不同的影响。在一般情况下，用 public 和用 protected 声明继承方式是不等价的。应当仔细分析程序，作出判断。

5．有以下程序结构，请分析访问属性。

```
class A                             //A 为基类
  {public:
```

```
    void f1();
    int i;
  protected:
    void f 2();
    int j;
  private:
    int k;
  };

class B: public A                  //B 为 A 的公用派生类
  {public:
    void f 3();
  protected:
    int m;
  private:
    int n;
  };

class C: public B                  //C 为 B 的公用派生类
  {public:
    void f4();
  private:
    int p;
  };

int main()
  {A a1;                           //a1 是基类 A 的对象
   B b1;                           //b1 是派生类 B 的对象
   C c1;                           //c1 是派生类 C 的对象
   ⋮
   return 0;
  }
```

问：

（1）在 main 函数中能否用 b1.i，b1.j 和 b1.k 引用派生类 B 对象 b1 中基类 A 的成员？

（2）派生类 B 中的成员函数能否调用基类 A 中的成员函数 f 1 和 f2？

（3）派生类 B 中的成员函数能否引用基类 A 中的数据成员 i，j，k？

（4）能否在 main 函数中用 c1.i，c1.j，c1.k，c1.m，c1.n，c1.p 引用基类 A 的成员 i，j，k，派生类 B 的成员 m，n，以及派生类 C 的成员 p？

（5）能否在 main 函数中用 c1.f 1( )，c1.f 2( )，c1.f 3( )和 c1.f 4( )调用 f 1，f2，f3，f4 成员函数？

（6）派生类 C 的成员函数 f 4 能否调用基类 A 中的成员函数 f 1，f2 和派生类中的成员函数 f 3？

【解】

（1）可以用 b1.i 引用对象 b1 中的基类 A 的成员 i，因为它是公用数据成员。

不能用 b1.j 引用对象 b1 中的基类 A 的成员 j，因为它是保护数据成员，在类外不能访问。

不能用 b1.k 引用对象 b1 中的基类 A 的成员 k，因为它是私有数据成员，在类外不能访问。

（2）可以调用基类 A 中的成员函数 f1 和 f2，因为 f1 是公用成员函数，f2 是保护成员函数，B 对 A 是公有继承方式，因此它们在派生类中仍然保持原有的访问权限，可以被派生类的成员函数访问。

（3）可以引用基类 A 中的数据成员 i 和 j，因为它们在派生类中是公用成员和保护成员，可以被派生类的成员函数访问。不可以引用基类 A 中的数据成员 k，它在派生类中是不可访问的成员。

（4）可以用 c1.i 引用对象 c1 中基类 A 的成员 i，不能用 c1.j，c1.k 引用基类 A 的成员 j 和 k，因为它们是保护成员和私有成员，不能被类外访问。也不能访问 c1 中派生类 B 的成员 m，n，它们也是保护成员和私有成员，不能被类外访问。也不能访问派生类对象 c1 中的私有成员 p。

（5）可以调用成员函数 f1，f3，f4，它们是公用成员函数。不能调用成员函数 f2，因为它是保护成员函数。

（6）可以，f1，f3 是公用成员函数，f2 是保护成员函数，都可以被派生类 C 的成员函数调用。

6. 有以下程序结构，请分析所有成员在各类的范围内的访问权限。

```
class A                          //基类
  {public:
     void f1();
   protected:
     void f2();
   private:
     int i;
  };

class B: public A                //B 为 A 的公用派生类
  {public:
     void f3();
     int k;
   private:
     int m;
  };

class C: protected B             //C 为 B 的保护派生类
  {public:
     void f4();
```

```
protected:
  int n;
private:
  int p;
};

class D: private C                          //D 为 C 的私有派生类
  {public:
    void f5();
  protected:
    int q;
  private:
    int r;
  };
void main()
  { A a1;                                   //a1 是基类 A 的对象
    B b1;                                   //b1 是派生类 B 的对象
    C c1;                                   //c1 是派生类 C 的对象
    D d1;                                   //d1 是派生类 D 的对象
      ⋮
  }
```

【解】　各成员在各类的范围内的访问权限如表 5.3 所示。

表　5.3

类的范围	f1	f2	i	f3	k	m	f4	n	p	f5	q	r
基类 A	公用	保护	私有									
公用派生类 B	公用	保护	不可访问	公用	公用	私有						
保护派生类 C	保护	保护	不可访问	保护	保护	不可访问	公用	保护	私有			
私有派生类 D	私有	私有	不可访问	私有	私有	不可访问	私有	私有	不可访问	公用	保护	私有

根据以上的分析，可以知道：

（1）在派生类外，可以通过对象调用 f5 函数，如 d1.f5( )。其他成员均不能访问。

（2）派生类 D 的成员函数 f5 可以访问基类 A 的成员 f1 和 f2，派生类 B 的成员 f3 和 k，派生类 C 的成员 f4 和 n，派生类 D 的成员 q 和 r。

（3）派生类 C 的成员函数 f4 可以访问基类 A 的成员 f1 和 f2，派生类 B 的成员 f3 和 k，派生类 C 的成员 n 和 p。

（4）派生类 B 的成员函数 f3 可以访问基类 A 的成员 f1 和 f2，派生类 B 的成员 k 和 m。

（5）基类 A 的成员函数 f1 可以访问基类 A 的成员 f2 和 i。

7. 有以下程序，请完成下面工作：

（1）阅读程序，写出运行时输出的结果。

（2）然后上机运行，验证结果是否正确。

（3）分析程序执行过程，尤其是调用构造函数的过程。

```cpp
#include<iostream>
using namespace std;
class A
 {
 public:
   A(){a=0;b=0;}
   A(int i){a=i;b=0;}
   A(int i,int j){a=i;b=j;}
   void display(){cout<<"a="<<a<<" b="<<b;}
 private:
   int a;
   int b;
 };

class B: public A
  {
  public:
    B(){c=0;}
    B(int i):A(i){c=0;}
    B(int i,int j):A(i,j){c=0;}
    B(int i,int j,int k):A(i,j){c=k;}
    void display1()
      {display();
       cout<<" c="<<c<<endl;
      }
  private:
    int c;
  };

int main()
  { B b1;
    B b2(1);
    B b3(1,3);
    B b4(1,3,5);
    b1.display1();
    b2.display1();
    b3.display1();
    b4.display1();
    return 0;
  }
```

【解】

（1）运行结果应当为

```
a=0 b=0 c=0
a=1 b=0 c=0
a=1 b=3 c=0
a=1 b=3 c=5
```

（2）经上机运行，证明以上结果是正确的。

（3）分析程序执行过程

① main 函数体中的第一行

```
B b1;
```

在定义 B 类对象 b1 时，未给出参数，因此应该调用与之匹配的派生类构造函数

```
B(){c=0;}
```

该构造函数先调用基类构造函数，由于在定义派生类构造函数时未显式地给出基类构造函数，因此系统就调用 A 类中的默认构造函数

```
A(){a=0;b=0;}
```

把数据成员 a 和 b 初始化为 0。然后再执行派生类构造函数的函数体，把数据成员 c 初始化为 0。

在执行 main 函数中的语句"b1.display1( );"时，先调用 A 类中的成员函数 display( )，输出 a 和 b 的值（均为 0），接着再执行 b1.display1 函数中的 cout 语句，输出 c 的值（为 0），因此，输出结果为

```
a=0 b=0 c=0
```

② main 函数体中的第 2 行

```
B b2(1);
```

在定义 B 类对象 b2 时，给出 1 个参数，因此应该调用与之匹配的派生类构造函数

```
B(int i):A(i){c=0;}
```

把实参 1 传递给派生类构造函数的形参 i，派生类构造函数再把它传递给基类构造函数的实参 i，然后调用基类构造函数。由于在定义派生类构造函数时给出了基类构造函数，且有 1 个参数，因此系统就调用 A 类中具有 1 个参数的构造函数

```
A(int i){a=i;b=0;}
```

把数据成员 a 初始化为形参 i 的值，而形参 i 从基类的实参得到值 1，因此 a 的值为 1，b 被初始化为 0，然后再执行派生类构造函数的函数体，把数据成员 c 初始化为 0。

执行 b2.display1 函数时，输出

a=1 b=0 c=0

③ main 函数体中的第 3 行

```
B b3(1,3);
```

在定义 B 类对象 b3 时，给出两个参数，因此应该调用与之匹配的派生类构造函数

```
B(int i,int j):A(i,j){c=0;}
```

把实参 1 和 3 传递给派生类构造函数的形参 i 和 j，派生类构造函数再把它们传递给基类构造函数的实参 i 和 j，然后调用基类构造函数。由于在定义派生类构造函数时给出了基类构造函数，且有两个参数，因此系统就调用 A 类中具有两个参数的构造函数

```
A(int i,int j){a=i;b=j;}
```

将数据成员 a 初始化为形参 i 的值，将 b 初始化为形参 j 的值，而形参 i 和 j 从基类的实参得到值 1 和 3，因此 a 的值为 1，b 的值为 3，然后再执行派生类构造函数的函数体，把数据成员 c 初始化为 0。

执行 b3.display1 函数时，输出

a=1 b=3 c=0

④ main 函数体中的第 4 行

```
B b4(1,3,5);
```

在定义 B 类对象 b4 时，给出 3 个参数，因此应该调用与之匹配的派生类构造函数

```
B(int i,int j,int k):A(i,j){c=k;}
```

把实参 1，3 和 5 传递给派生类构造函数的形参 i，j 和 k，派生类构造函数再把 i 和 j 传递给基类构造函数的实参 i 和 j，然后调用基类构造函数。由于在定义派生类构造函数时给出了基类构造函数，且有两个参数，因此系统就调用 A 类中具有两个参数的构造函数

```
A(int i,int j){a=i;b=j;}
```

a 的值为 1，b 的值为 3，然后再执行派生类构造函数的函数体，数据成员 c 得到 k 的值 5。

执行 b4.display1 函数时，输出

a=1 b=3 c=5

8．有以下程序，请完成下面的工作：
（1）阅读程序，写出运行时输出的结果。
（2）然后上机运行，验证结果是否正确。
（3）分析程序执行过程，尤其是调用构造函数和析构函数的过程。

```
#include<iostream>
using namespace std;
class A
 {public:
   A(){cout<<"constructing A "<<endl;}
   ~A(){cout<<"destructing A "<<endl;}
 };

class B:public A
 {
  public:
   B(){cout<<"constructing B "<<endl;}
   ~B(){cout<<"destructing B "<<endl;}
 };

class C:public B
 {public:
   C(){cout<<"constructing C "<<endl;}
   ~C(){cout<<"destructing C "<<endl;}
 };
int main()
 {C c1;
  return 0;
  }
```

【解】

（1）运行结果应当为

```
constructing A
constructing B
constructing C
destructing C
destructing B
destructing A
```

（2）经上机运行，证明以上结果是正确的。

（3）在 main 函数中建立 C 类对象 c1，由于没有给出参数，系统会执行默认的派生类 C 的构造函数

```
C(){cout<<"constructing C "<<endl;}
```

但在执行函数体之前，先要调用其直接基类 B 的构造函数

```
B(){cout<<"constructing B "<<endl;}
```

同样，在执行构造函数 B 的函数体之前，要调用基类 A 的构造函数

```
    A(){cout<<"constructing A "<<endl;}
```

输出

```
    constructing A
```

然后返回构造函数 B，执行构造函数 B 的函数体，输出

```
    constructing B
```

然后返回构造函数 C，执行构造函数 C 的函数体，输出

```
    constructing C
```

在建立对象 c1 之后，由于 main 函数中已无其他语句，程序结束，在结束时，要释放对象 c1，此时，先调用派生类 C 的析构函数

```
    ~C(){cout<<"destructing C "<<endl;}
```

根据规定，先执行派生类 C 的函数体，输出

```
    destructing C
```

然后调用派生类 C 的直接基类 B 的析构函数

```
    ~B(){cout<<"destructing B "<<endl;}
```

同样，先执行类 B 的函数体，输出

```
    destructing B
```

再调用派生类 B 的直接基类 A 的析构函数

```
    ~A(){cout<<"destructing A "<<endl;}
```

执行类 A 的函数体，输出

```
    destructing A
```

以上就是按顺序输出的内容。

9．分别声明 Teacher（教师）类和 Cadre（干部）类，采用多重继承方式由这两个类派生出新类 Teacher_Cadre（教师兼干部）。要求：

（1）在两个基类中都包含姓名、年龄、性别、地址、电话等数据成员。

（2）在 Teacher 类中还包含数据成员 title（职称），在 Cadre 类中还包含数据成员 post（职务）。在 Teacher_Cadre 类中还包含数据成员 wages（工资）。

（3）对两个基类中的姓名、年龄、性别、地址、电话等数据成员用相同的名字，在引用这些数据成员时，指定作用域。

（4）在类体中声明成员函数，在类外定义成员函数。

（5）在派生类 Teacher_Cadre 的成员函数 show 中调用 Teacher 类中的 display 函数，

输出姓名、年龄、性别、职称、地址、电话，然后再用 cout 语句输出职务与工资。

【解】 根据要求，可编程序如下：

```cpp
#include<string>
#include<iostream>
using namespace std;
class Teacher
 {public:
   Teacher(string nam,int a,char s,string tit,string ad,string t);
                                  //构造函数
   void display();              //输出姓名、性别、年龄、职称、地址、电话
  protected:
    string name;
    int age;
    char sex;
    string title;
    string addr;
    string tel;
 };

Teacher::Teacher(string nam,int a,char s,string tit,string ad,string t):
    name(nam),age(a),sex(s),title(tit),addr(ad),tel(t){}//构造函数定义
void Teacher::display()
  {cout<<"name:"<<name<<endl;
   cout<<"age:"<<age<<endl;
   cout<<"sex:"<<sex<<endl;
   cout<<"title:"<<title<<endl;
   cout<<"address:"<<addr<<endl;
   cout<<"tel:"<<tel<<endl;
   }

class Cadre
 {public:
   Cadre(string nam,int a,char s,string p,string ad,string t);//构造函数
   void display();
  protected:
   string name;
   int age;
   char sex;
   string post;
   string addr;
   string tel;
 };

Cadre::Cadre(string nam,int a,char s,string p,string ad,string t):
    name(nam),age(a),sex(s),post(p),addr(ad),tel(t){}  //构造函数定义
```

```
void Cadre::display()
  {cout<<"name:"<<name<<endl;
   cout<<"age:"<<age<<endl;
   cout<<"sex:"<<sex<<endl;
   cout<<"post:"<<post<<endl;
   cout<<"address:"<<addr<<endl;
   cout<<"tel:"<<tel<<endl;
  }

class Person:public Teacher,public Cadre
 {public:
   Person(string nam, int a, char s, string tit, string p, string ad,
          string t,float w);
   void show();
 private:
    float wage;
 };

Person::Person(string nam,int a,char s,string t,string p,string ad,
               string tel,float w):
   Teacher(nam,a,s,t,ad,tel),Cadre(nam,a,s,p,ad,tel),wage(w){}//构造函数定义
void Person::show()
  {Teacher::display();                      //指定作用域 teacher 类
   cout<<"post:"<<Cadre::post<<endl;        //指定作用域 Cadre 类
   cout<<"wages:"<<wage<<endl;
  }

int main()
  {Person person1("Wang-li",50,'f ',"prof.","president","135 Beijing
                  Road, Shanghai", "(021)61234567",1534.5);
   person1.show();
   return 0;
  }
```

运行结果如下:

```
name:Wang-li
age:50
sex:f
title:
post:prof.
address: 135 Beijing Road,Shanghai
tel:(021)61234567
```

10. 将《C++面向对象程序设计（第 3 版）》5.8 节中的程序片段加以补充完善，成

为一个完整的程序。在程序中使用继承和组合。在定义 Professor 类对象 prof1 时给出所有数据的初值，然后修改 prof1 的生日数据，最后输出 prof1 的全部最新数据。

```cpp
#include<iostream>
#include<cstring>
using namespace std;
class Teacher                              //教师类
 {public:
    Teacher(int,char[],char);              //声明构造函数
    void display();                        //声明输出函数
  private:
     int num;
     char name[20];
     char sex;
 };

Teacher::Teacher(int n,char nam[],char s)  //定义构造函数
 {num=n;
  strcpy(name,nam);
  sex=s;
 }

void Teacher::display()                    //定义输出函数
 {cout<<"num:"<<num<<endl;
  cout<<"name:"<<name<<endl;
  cout<<"sex:"<<sex<<endl;
 }

class BirthDate                            //生日类
 {public:
    BirthDate(int,int,int);                //声明构造函数
    void display();                        //声明输出函数
    void change(int,int,int);              //声明修改函数
  private:
    int year;
    int month;
    int day;
 };

BirthDate::BirthDate(int y,int m,int d)     //定义构造函数
 {year=y;
  month=m;
  day=d;
 }
void BirthDate::display()                  //定义输出函数
```

```
   {cout<<"birthday:"<<month<<"/"<<day<<"/"<<year<<endl;}

 void BirthDate::change(int y,int m,int d)              //定义修改函数
  {year=y;
   month=m;
   day=d;
  }

 class Professor:public Teacher                          //教授类
  {public:
     Professor(int,char[],char,int,int,int,float);     //声明构造函数
     void display();                                   //声明输出函数
     void change(int,int,int);                         //声明修改函数
   private:
     float area;                                        //住房面积
     BirthDate birthday;                     //定义 BirthDate 类的对象作为数据成员
  };

 Professor::Professor(int n,char nam[20],char s,int y,int m,int d,float a):
  Teacher(n,nam,s),birthday(y,m,d),area(a){}          //定义构造函数

 void Professor::display()                              //定义输出函数
  {Teacher::display();
   birthday.display();
   cout<<"area:"<<area<<endl;
  }

 void Professor::change(int y,int m,int d)              //定义修改函数
  {birthday.change(y,m,d);
  }

 int main()
  {Professor prof1(3012," Zhang",'f',1949,10,1,125.4);
                                      //定义 Professor 对象 prof1
   cout<<endl<<" The original data:"<<endl;
   prof1.display();                          //调用 prof1 对象的 display 函数
   cout<<endl<<" The new data:"<<endl;
   prof1.change(1950,6,1);                   //调用 prof1 对象的 change 函数
   prof1.display();                          //调用 prof1 对象的 display 函数
   return 0;
  }
```

运行结果如下：

```
The original data:
num:3012
```

```
name: Zhang
sex:f
birthday:10/1/1949
area:125.4

The new data:
num:3012
name: Zhang
sex:f
birthday:6/1/1950
area:125.4
```

说明：

（1）程序中有 3 个 display 函数：派生类 Professor 中的 display 函数，基类 Teacher 中的 display 函数，成员类 BirthDate 中的 display 函数。请注意它们的作用域和访问权限。在 main 函数中可以用 prof1.display( )调用派生类 Professor 中的 display 函数。Teacher 类中的 display 函数被屏蔽，成员类 BirthDate 中的 display 函数只能通过对象名 birthday 来调用。

在执行 prof1.display 函数过程中调用基类 Teacher 中的 display 函数，输出基类中的私有成员 num，name 和 sex。然后调用 birthday.display 函数，输出成员对象中的 display 函数，输出 birthday 中的私有成员 year，month 和 day。最后输出派生类中的 area。

（2）在 main 函数中调用 prof1.change 函数，在执行 prof1.change 函数过程中调用 birthday.change 函数，改变生日数据。birthday.change 函数的实参（1950,6,1）是用来取代原来生日数据的年、月、日的。请思考：在 Professor::display 函数中能否用

```
BirthDate::display();
```

这样的形式调用 birthday 中的 display 函数？为什么？请上机试一下。

（3）birthday 是私有成员对象，应该怎样访问它的成员函数 display 呢？虽然在 BirthDate 类中，display 是公有成员函数，但是不能在 main 函数中用

```
prof1.BirthDate::display();
```

来调用它，BirthDate 不是基类，不能企图通过作用域运算符来调用它。Birthday 是成员对象，只能通过对象名 birthday 来调用它。应该注意：birthday 是派生类中的私有成员，只能通过派生类的成员函数访问。因此，派生类的 display 函数可以访问子对象 birthday。但它只能访问 birthday 中的公用成员，而不能访问 birthday 中的私有成员。读者可以在派生类 Professor::display 函数体中增加下面的语句，并上机试一下。

```
cout<<birthday.year<<endl;
```

结果是错误的。

（4）在 main 函数中，先后两次调用 prof1.display( )，第一次调用时输出原来的数据，第二次调用时输出改变后的数据。

第6章

多态性与虚函数

1. 在《C++面向对象程序设计（第 3 版)》中例 6.1 的程序的基础上做一些修改。声明 Point（点）类，由 Point 类派生出 Circle（圆）类，再由 Circle 类派生出 Cylinder（圆柱体）类。将类的定义部分分别作为 3 个头文件，对它们的成员函数的声明部分分别作为 3 个源文件（.cpp 文件），在主函数中用#include 命令把它们包含进来，形成一个完整的程序，并上机运行。

【解】 按照题意，分别建立以下 6 个文件：

（1）定义 Point 类的头文件 point.h

```
//point.h
class Point
  {public:
     Point(float=0,float=0);
     void setPoint(float,float);
     float getX() const {return x;}
     float getY() const {return y;}
     friend ostream & operator<<(ostream &,const Point &);
   protected:
     float x,y;
  }
```

（2）定义 Point 类成员函数的源文件 point.cpp

```
//point.cpp
Point::Point(float a,float b)
  {x=a;y=b;}
void Point::setPoint(float a,float b)
  {x=a;y=b;}
ostream & operator<<(ostream &output,const Point &p)
  {output<<"[" <<p.x<<"," <<p.y<<"]" <<endl;
   return output;
  }
```

（3）定义 Circle 类的头文件 circle.h

```cpp
//circle.h
#include "point.h"
class Circle:public Point
  {public:
     Circle(float x=0,float y=0,float r =0);
     void setRadius(float);
     float getRadius() const;
     float area () const;
     friend ostream &operator<<(ostream &,const Circle &);
   protected:
     float radius;
  };
```

（4）定义 Circle 类成员函数的源文件 circle.cpp

```cpp
//circle.cpp
Circle::Circle(float a,float b,float r):Point(a,b),radius(r){}

void Circle::setRadius(float r)
  {radius=r;}

float Circle::getRadius() const {return radius;}

float Circle::area() const
  {return 3.14159*radius*radius;}

ostream &operator<<(ostream &output,const Circle &c)
  {output<<" Center=[" <<c.x<<"," <<c.y<<" ], r=" <<c.radius<<", area="
<<c.area()<<endl;
   return output;
  }
```

（5）定义 Cylinder 类的头文件 cylinder.h

```cpp
//cylinder.h
#include "circle.h"
class Cylinder:public Circle
  {public:
     Cylinder (float x=0,float y=0,float r =0,float h=0);
     void setHeight(float);
     float getHeight() const;
     float area() const;
     float volume() const;
     friend ostream& operator<<(ostream&,const Cylinder&);
   protected:
     float height;
  };
```

（6）定义 Cylinder 类成员函数的源文件 cylinder.cpp

```cpp
//cylinder.cpp
Cylinder::Cylinder(float a,float b,float r,float h)
    :Circle(a,b,r),height(h){}

void Cylinder::setHeight(float h){height=h;}

float Cylinder::getHeight() const {return height;}

float Cylinder::area() const
  { return 2*Circle::area()+2*3.14159*radius*height;}

float Cylinder::volume() const
  {return Circle::area()*height;}

ostream &operator<<(ostream &output,const Cylinder& cy)
  {output<<"Center=["<<cy.x<<","<<cy.y<<" ], r ="<<cy.radius<<", h=" <<
      cy.height<<"\narea="<<cy.area()<<", volume="<<cy.volume()<<endl;
   return output;
  }
```

最后建立一个程序文件，名为 xt6-1.cpp（表示第 6 章习题第 1 题），当然也可以用其他文件名。

```cpp
//xt6-1.cpp
#include<iostream>
using namespace std;//用 Visual C++ 6.0 时需把第 1, 2 行改为#include<iostream.h>
#include "cylinder.h"          //3 个类的定义部分
#include "point.cpp"           //Point 类成员函数的定义部分
#include "circle.cpp"          //Circle 类成员函数的定义部分
#include "cylinder.cpp"        //Cylinder 类成员函数的定义部分
int main()
  {Cylinder cy1(3.5,6.4,5.2,10);
   cout<<"\noriginal cylinder:\nx="<<cy1.getX()<<", y="<<cy1.getY()<<",
      r ="<<cy1.getRadius()<<", h="<<cy1.getHeight()<<"\narea="<<cy1.area()
      <<", volume="<<cy1.volume()<<endl;
   cy1.setHeight(15);
   cy1.setRadius(7.5);
   cy1.setPoint(5,5);
   cout<<"\nnew cylinder:\n"<<cy1;
   Point &pRef=cy1;
   cout<<"\npRef as a point:"<<pRef;
   Circle &cRef=cy1;
   cout<<"\ncRef as a Circle:"<<cRef;
```

```
    return 0;
    }
```

将 xt6-1.cpp 文件编译并运行，运行结果如下：

```
original cylinder:                          （输出 cy1 的初始值）
x=3.5, y=6.4, r=5.2, h=10                   （圆心坐标 x,y。半径 r，高 h）
area=496.623, volume=849.486               （圆柱表面积 area 和体积 volume）

new cylinder:                               （输出 cy1 的新值）
Center=[5,5], r=7.5, h=15                   （以 [5,5] 形式输出圆心坐标）
area=1060.29, volume=2650.72               （圆柱表面积 area 和体积 volume）

pRef as a point:[5,5]                       （pRef 作为一个"点"输出）

cRef as a Circle: Center=[5,5], r =7.5, area=176.714
                                            （c Ref 作为一个"圆"输出）
```

请注意：由于这里将以上几个文件存放在用户当前目录下，因此用#include 指令时，应当用双撇号把文件名括起来，如#include "circle.h"。不要用尖括号，如#include <circle.h>，因为用尖括号时，编译系统会到 C++系统所在的目录下去找该文件，如果找不到就出错。用双撇号时，编译系统先到用户当前目录下去找该文件，如果找不到，再到 C++系统所在的目录下去找。

在程序中只把 cylinder.h 包含进来，而没有分别用 3 个#include 命令将 point.h，circle.h 和 cylinder.h 包含进来。请思考为什么？

这是由于在 cylinder.h 文件中已经用了#include"circle.h"命令将 circle.h 文件包含进来，而在 circle.h 文件中又已用了#include "point.h"指令将 point.h 文件包含进来。因此在这里，用一个#include "cylinder.h"指令就已经把 3 个类的定义全部包含进来了。

为什么要在 circle.h 中包含 point.h，在 cylinder.h 中包含 circle.h 呢？这是为了便于分步调试，如在教材中介绍的那样，不是将全部程序都编好才统一上机调试，而是分为若干个阶段进行，编写好基类后，先对基类部分进行测试，没有问题了再测试派生类。在测试派生类 Circle 时，必然要用到基类的定义，因此在 circle.h 中应当包含 point.h。此外还应当在测试程序中将 point.cpp 和 circle.cpp 包含进来。

有人问：为什么将 Point 类的定义和成员函数的定义分开放在两个文件中，而不是放在同一个文件中呢？在实际的面向对象程序设计中，一般都是将类的定义和类的实现（函数定义）分离的，类的定义放在头文件中，以便程序人员利用它为基础派生出新的类。而函数定义部分，用户一般是不能修改的，开发商提供的类库的函数定义对用户是不透明的，不提供源代码，只提供其目标程序的接口（即文件路径和文件名），以便在程序编译以后与它连接成一个可执行的文件。由于本题是练习题，为简单起见，没有把它们单独编译为目标文件，而是把它们作为.cpp 文件，包含到程序中。

2. 请比较函数重载和虚函数在概念和使用方式方面有什么区别。

【解】

（1）函数重载可以用于普通函数（非成员的函数）和类的成员函数，而虚函数只能用于类的成员函数。

（2）函数重载可以用于构造函数，而虚函数不能用于构造函数。

（3）如果对成员函数进行重载，则重载的函数与被重载的函数应当都是同一类中的成员函数，不能分属于两个不同继承层次的类。函数重载是横向的重载。虚函数是对同一类族中的基类和派生类的同名函数的处理，即允许在派生类中对基类的成员函数重新定义。虚函数的作用是处理纵向的同名函数。

（4）重载的函数必须具有相同的函数名，但函数的参数个数和参数类型二者中至少有一样不同，否则在编译时无法区分它们。而虚函数则要求在同一类族中的所有虚函数不仅函数名相同，而且要求函数类型、函数的参数个数和参数类型都全部相同，否则就不是重定义了，也就不是虚函数了。

（5）函数重载是在程序编译阶段确定操作的对象的，属于静态关联。虚函数是在程序运行阶段确定操作的对象的，属于动态关联。

3．在《C++面向对象程序设计（第 3 版）》中的例 6.3 的基础上作以下修改，并作必要的讨论。

（1）把构造函数修改为带参数的函数，在建立对象时初始化。

（2）先不将析构函数声明为 virtual，在 main 函数中另设一个指向 Circle 类对象的指针变量，使它指向 grad1。运行程序，分析结果。

（3）不作第（2）点的修改而将析构函数声明为 virtual，运行程序，分析结果。

【解】　分别写出以下程序：

（1）编程如下：

```cpp
#include<iostream>
using namespace std;
class Point
  {public:
    Point(float a,float b):x(a),y(b){}
    ~Point(){cout<<"executing Point destructor"<<endl;}
   private:
    float x;
    float y;
  };

class Circle:public Point
  {public:
    Circle(int a,int b,int r):Point(a,b),radius(r){}
    ~Circle(){cout<<"executing Circle destructor"<<endl;}
   private:
    float radius;
  };
```

```
int main()
 {Point *p=new Circle(2.5,1.8,4.5);
  delete p;
  return 0;
 }
```

运行结果如下：

```
executing Point destructor
```

可以知道用 new 开辟动态的存储空间、建立临时对象，可以带参数，也可以不带参数。这是与构造函数匹配的。

（2）在上面的基础上将 main 函数改写为

```
int main()
 {Point *p=new Circle(2.5,1.8,4.5);      //定义指向基类的指针并指向新对象
  Circle *pt=new Circle(2.5,1.8,4.5);    //定义指向派生类的指针并指向新对象
  delete pt;
   return 0;
 }
```

运行结果如下：

```
executing Circle destructor
executing Point destructor
```

表明先调用了派生类的析构函数，然后再调用基类的析构函数。这是符合常规的做法。

虽然用这种方法也能正常地调用派生类和基类的析构函数，实现在撤销对象时的清理工作，但是如果有多个派生类，这样做就很不方便，要定义许多个指针变量。人们希望用一个指针变量就能对多个对象进行操作。显然这个指针变量只能是指向基类的指针变量，它能够接受派生类的起始地址。这样，就要使用虚函数。

（3）使用虚函数，程序如下：

```
#include<iostream>
using namespace std;
class Point
 {public:
   Point(float a,float b):x(a),y(b){}
   virtual ~Point(){cout<<"executing Point destructor"<<endl;}
                                          //声明为虚函数
  private:
   float x;
   float y;
 };
```

```
class Circle:public Point
  {public:
    Circle(float a,float b,float r):Point(a,b),radius(r){}
    virtual ~Circle(){cout<<"executing Circle destructor"<<endl;}
                                        //声明为虚函数
   private:
    float radius;
  };

int main()
  {Point *p=new Circle(2.5,1.8,4.5);
   delete p;
   return 0;
  }
```

运行结果如下:

```
executing Circle destructor
executing Point destructor
```

在基类和派生类中将析构函数声明为虚函数。其实,在派生类中的 virtual 声明是可选的,在将基类的析构函数声明为虚函数后,其派生类中的析构函数自动地成为虚函数。但是,为了使程序清晰,给人们以明确的信息,一般都将派生类中的析构函数用 virtual 显式地声明为虚函数。

4. 写一个程序,声明抽象基类 Shape,由它派生出 3 个派生类: Circle(圆形)、Rectangle(矩形)、Triangle(三角形),用一个函数 printArea 分别输出以上三者的面积,3 个图形的数据在定义对象时给定。

【解】 可以编写程序如下:

```
#include<iostream>
using namespace std;
//定义抽象基类 Shape
class Shape
  {public:
   virtual double area() const =0;                    //纯虚函数
  };

//定义 Circle 类
class Circle:public Shape
  {public:
    Circle(double r):radius(r){}                      //构造函数
    virtual double area() const {return 3.14159*radius*radius;};
                                        //定义虚函数
   protected:
```

```
    double radius;                              //半径
  };

class Rectangle:public Shape                  //定义 Rectangle 类
  {public:
    Rectangle(double w,double h):width(w),height(h){}   //构造函数
    virtual double area() const {return width*height;}  //定义虚函数
  protected:
    double width,height;                        //宽与高
  };

class Triangle:public Shape
  {public:
    Triangle(double w,double h):width(w),height(h){}       //构造函数
    virtual double area() const {return 0.5*width*height;} //定义虚函数
  protected:
    double width,height;                        //宽与高
  };

//输出面积的函数
void printArea(const Shape &s)
  {cout<<s.area()<<endl;}                       //输出 s 的面积

int main()
  {
  Circle circle(12.6);                          //建立 Circle 类对象 circle
  cout<<"area of circle =";
  printArea(circle);                            //输出 circle 的面积
  Rectangle rectangle(4.5,8.4);                 //建立 Rectangle 类对象 rectangle
  cout<<"area of rectangle =";
  printArea(rectangle);                         //输出 rectangle 的面积
  Triangle triangle(4.5,8.4);                   //建立 Triangle 类对象 triangle
  cout<<"area of triangle =";
  printArea(triangle);                          //输出 triangle 的面积
  return 0;
  }
```

运行结果如下：

```
area of circle = 458.759
area of rectangle = 37.8
area of triangle = 18.9
```

说明：

（1）在抽象基类中只设了一个纯虚函数类 area，因为本程序比较简单，只有 area

（面积）是各派生类都有的。没有其他成员是各派生类都需要的。所以除了 area 以外，抽象基类中没有其他成员。

（2）在抽象基类中，area 也可以不声明为纯虚函数，而声明为虚函数，如

```
virtual double area () const {return 0.0;}
```

改动后，程序运行结果没有变化。考虑到在基类中并不要求 area 函数返回具体值，且不用它定义对象，所以声明为纯虚函数为宜，此时基类成为抽象基类。

（3）在 3 个派生类中分别定义虚函数，以不同的公式计算圆形、矩形、三角形的面积。

（4）函数 printArea 是一个非成员函数，它的作用是输出有关对象的面积。它的形参是 Shape 类的引用。在《C++面向对象程序设计（第 3 版）》5.7 节中曾介绍可以用派生类对象初始化基类的引用，但此时基类的引用不是派生类对象的别名，而是派生类对象中基类部分的别名。但是在使用虚函数时，情况有了变化，和用基类指针指向派生类对象的情况相似，派生类对象中基类部分原来的虚函数被派生类中定义的虚函数代替，因此可以用基类的引用去访问其所代表的对象的虚函数。

请思考：printArea 函数中的 s.area( )是什么含义？当 main 函数中以 printArea(circle) 形式调用时，实参是 Circle 类对象 circle，把它的起始地址传给引用变量 s，因此，s.area( ) 就相当于 circle.area( )。cout 语句输出 circle 中的 area 函数的值，即 circle 的面积。

请思考：用 s.area( )调用 area 函数，是静态关联还是动态关联？答案应该是动态关联，因为在编译时，从 s.area( )无法判定应调用哪个对象的 area 函数，只有在运行时主函数调用 printArea 函数时，引用变量 s 才被初始化，这时才能确定调用对象。因此，是在运行阶段实现的关联。

5. 写一个程序，定义抽象基类 Shape，由它派生出 5 个派生类：Circle（圆形）、Square（正方形）、Rectangle（矩形）、Trapezoid（梯形）、Triangle（三角形）。用虚函数分别计算几种图形面积，并求它们的和。要求用基类指针数组，使它每一个元素指向一个派生类对象。

【解】 可以编写程序如下：

```
#include<iostream>
using namespace std;
//定义抽象基类 Shape
class Shape
  {public:
     virtual double area() const =0;                    //纯虚函数
  };

//定义 Circle（圆形）类
class Circle:public Shape
  {public:
     Circle(double r):radius(r){}                       //构造函数
```

```
        virtual double area() const {return 3.14159*radius*radius;};
                                                                    //定义虚函数

    protected:
        double radius;                                              //半径
    };
```

//定义 Square（正方形）类
```
class Square:public Shape
    {public:
        Square(double s):side(s){}                                 //构造函数
        virtual double area() const {return side*side;}            //定义虚函数
    protected:
        double side;
    };
```

//定义 Rectangle（矩形）类
```
class Rectangle:public Shape
    {public:
        Rectangle(double w,double h):width(w),height(h){}    //构造函数
        virtual double area() const {return width*height;}    //定义虚函数
    protected:
        double width,height;                                       //宽与高
    };
```

//定义 Trapezoid（梯形）类
```
class Trapezoid:public Shape
    {public:
        Trapezoid(double t,double b,double h):top(t),bottom(t),height(h){}
                                                                    //构造函数
        virtual double area() const {return 0.5.(top+bottom).height;}
                                                                    //定义虚函数
    protected:
        double top,bottom,height;                              //上底、下底与高
    };
```

//定义 Triangle（三角形）类
```
class Triangle:public Shape
    {public:
        Triangle(double w,double h):width(w),height(h){}      //构造函数
        virtual double area() const {return 0.5*width*height;}  //定义虚函数
    protected:
        double width,height;                                       //宽与高
    };
```

```
int main()
  {
  Circle circle(12.6);                    //建立 Circle 类对象 circle
  Square square(3.5);                     //建立 Square 类对象 square
  Rectangle rectangle(4.5,8.4);           //建立 Rectangle 类对象 rectangle
  Trapezoid trapezoid(2.0,4.5,3.2);       //建立 Trapezoid 类对象 trapezoid
  Triangle triangle(4.5,8.4);             //建立 Triangle 类对象
  Shape *pt[5]={&circle,&square,&rectangle,&trapezoid,&triangle};
    //定义基类指针数组 pt，使它每一个元素指向一个派生类对象
  double areas=0.0;                       //areas 为总面积
  for(int i=0;i<5;i++)
   {areas=areas+pt[i]->area( );}          //累加面积
  cout<<"total of all areas="<<areas<<endl;   //输出总面积
  return 0;
  }
```

运行结果如下：

```
total of all areas=574.109
```

在 main 函数中分别建立了 5 个类的对象，并定义了一个基类指针数组 pt，使其每一个元素指向一个派生类对象，它相当于下面 5 个语句：

```
pt[0]=&circle;
pt[1]=&square;
pt[2]=&rectangle;
pt[4]=&trapezoid;
pt[5]=&triangle;
```

for 循环的作用是将 5 个类对象的面积累加。pt[i]->area( )是调用指针数组 pt 中第 i 个元素（是一个指向 Shape 类的指针）所指向的派生类对象的虚函数 area。

第 7 章

输入输出流

1. 输入三角形的三边 a，b，c，计算三角形面积的公式是

$$\text{area}=\sqrt{s(s-a)(s-b)(s-c)}，\quad s=\frac{a+b+c}{2}$$

形成三角形的条件是

$$a+b>c，\ b+c>a，\ c+a>b$$

编写程序，输入 a，b，c，检查 a，b，c 是否满足以上条件，如不满足，由 cerr 输出有关出错信息。

【解】 编程如下：

```
#include<iostream>
#include<cmath>
using namespace std;
int main()
  {double a,b,c,s,area;
  cout<<"please input a,b,c:";
  cin>>a>>b>>c;
  if (a+b<=c)
    cerr<<"a+b<=c,error!"<<endl;
  else if(b+c<=a)
    cerr<<" b+c<=a,error!"<<endl;
  else if (c+a<=b)
    cerr<<"c+a<=b,error!"<<endl;
  else
    {s=(a+b+c)/2;
    area=sqrt(s*(s-a)*(s-b)*(s-c));
    cout<<"area="<<area<<endl;}
  return 0;
  }
```

运行结果如下：

① please input a,b,c:<u>2 3 5</u>✓
　a+b<=c,error!
② please input a,b,c:<u>2 3 4</u>✓
　area=2.90474

为简化主函数，可以将具体操作由专门的函数实现，如：

```
#include<iostream>
#include<cmath>
using namespace std;
void input(double& a,double& b,double& c)
  {cout<<"please input a,b,c:";
   cin>>a>>b>>c;
  }
void area(double a,double b,double c)
  {double s,area;
   if (a+b<=c)
     cerr<<"a+b<=c,error!"<<endl;
   else if(b+c<=a)
     cerr<<" b+c<=a,error!"<<endl;
   else if (c+a<=b)
     cerr<<"c+a<=b,error!"<<endl;
   else
     {s=(a+b+c)/2;
      area=sqrt(s*(s-a)*(s-b)*(s-c));
      cout<<"area="<<area<<endl;}
  }
int main()
  {double a=2,b=3,c=5;
   input(a,b,c);
   area(a,b,c);
   return 0;
  }
```

请分析思考：

① input 函数的形参，为什么用引用变量？如果函数部写成

```
void input(double a,double b,double c)
```

会出现什么情况？读者可以上机试一下。结果是在 Visual C++ 6.0 中会编译出错，原因是在主函数中未给 a，b，c 赋值。在 GCC 中虽未出现编译出错，但主函数中 a，b，c 的值为不可预见的。它们的值是系统分配给 a，b，c 变量的存储单元中原来保留的信息。可以发现：当输入的数据为 2，3，4 时，显示 "a+b<=0,error！" 的信息，这显然是错误的。原因是在调用 input 函数时将 a，b，c 的值传送给形参 a，b，c，而在 input 函数输入的 a，b，c 的值，并不能带回到主函数中来。因此，在调用 area 函数时的实参 a，b， c 仍然是原来不可预见的 a，b，c，而不是 2，3，4。如果形参是引用变量，则在调用 input 函数时，传递给形参的不是实参 a，b，c 的值，而是 a，b，c 的地址，形参 a，b，c 和实参 a，b，c 同享同一存储单元，因而在 input 函数中输入给 a，b，c 的值能保存在实参 a，b，c 中。这样，调用 area 函数时，实参 a，b，c 的值就是在 input 函数中给 a，b，c 输入的值。

② 请注意 cerr 中的信息在什么地方显示，在 Visual C++ 6.0 中，cerr 和 cout 输出在同一界面中，此时 cerr 的作用和 cout 的作用相同。在 GCC 中，cerr 是输出到程序窗口下面的出错信息窗口中，而不是输出到程序输出的界面上。

2．从键盘输入一批数值，要求保留 3 位小数，在输出时上下行小数点对齐。

【解】

（1）用控制符控制输出格式

```cpp
#include<iostream>
#include<iomanip>
using namespace std;
int main()
  {float a[5];
   cout<<"input data:";
   for(int i=0;i<5;i++)                                //输入 5 个数给 a[0]～a[4]
    cin>>a[i];
   cout<<setiosflags(ios::fixed)<<setprecision(2);    //设置定点格式和精度
   for(i=0;i<5;i++)
    cout<<setw(10)<<a[i]<<endl;                       //设置域宽和精度
  return 0;
  }
```

运行结果如下：

```
input data:12.3 345.678 3.14159 - 45.321 56
    12.30
   345.68
     3.14
 -  45.32
    56.00
```

（2）用流成员函数控制输出格式

```cpp
#include<iostream>
using namespace std;
int main()
  {float a[5];
   int i;
   cout<<"input data:";
   for(i=0;i<5;i++)
     cin>>a[i];
```

```
cout.setf(ios::fixed);              //设置定点格式
cout.precision(2);                  //设置精度
for(i=0;i<5;i++)
 {cout.width(10);                   //设置域宽
   cout<<a[i]<<endl;}               //输出数据
return 0;
 }
```

说明:

（1）用控制符控制输出格式时，需要包含 iomanip.h 头文件，因为控制符是在 iomanip.h 头文件中定义的。用流成员函数控制输出格式时，由于 ostream 类是在 iostream.h 头文件中定义的，因此只需要包含 iostream.h 头文件，而不需要包含 iomanip.h 头文件。

（2）用来设置域宽的控制符 setw 和流成员函数 width 只对其后的第一个输出项有效，因此在输出每一项前都必须重新用 setw 或 width 设置域宽。读者可以将它们移到 for 循环的前面（而不在循环体内），观察运行结果。

3. 编写程序，在显示屏上显示一个由字母 B 组成的三角形。

```
        B
       BBB
      BBBBB
     BBBBBBB
    BBBBBBBBB
   BBBBBBBBBBB
  BBBBBBBBBBBBB
 BBBBBBBBBBBBBBB
```

【解】 解此题的关键是找出每一行中字符 B 的个数和其前面的空格数与行号 n 的关系，可以先通过观察得到如表 7.1 所示的关系（假设在第 1 行中字母 B 显示在第 20 列位置）。

表　7.1

行号	B 的个数	B 前面的空格数	行号	B 的个数	B 前面的空格数
1	1	19	4	7	16
2	3	18	n	2n–1	20–n
3	5	17			

据此可编程如下:

```
#include<iostream>
#include<iomanip>
using namespace std;
int main()
 {for(int n=1;n<8;n++)
  cout<<setw(20-n)<<setfill(' ')<< " "<<setw(2*n-1)<<setfill('B')<<
```

```
    " B"<<endl;   //指定输出空格时的域宽和填充字符以及输出'B'时的域宽和填充字符
  return 0;
  }
```

运行时在屏幕上显示上面的图形。

程序第 5 行先指定域宽为（20-n），再指定填充字符为空格字符，然后输出一个空格，由于已指定了域宽为（20-n），则剩余的位置用指定的填充字符（空格）填充。因此该行共有 20-n 个空格。同理第 6 行先指定域宽为（2*n-1），再指定填充字符为 B 字符，然后输出一个 B 字符，本来剩余的位置为空格，由于已指定了填充字符为 B 字符，所以共输出了 2n-1 个 B 字符。

4. 建立两个磁盘文件 f1.dat 和 f2.dat，编程序实现以下工作：

（1）从键盘输入 20 个整数，分别存放在两个磁盘文件中（每个文件中放 10 个整数）；

（2）从 f1.dat 读入 10 个数，然后存放到 f2.dat 文件原有数据的后面；

（3）从 f2.dat 中读入 20 个整数，对它们按从小到大的顺序存放到 f2.dat（不保留原来的数据）。

【解】 可以分别编写 3 个函数以实现以上 3 项任务。可编写程序如下：

```
#include<iostream>
#include<fstream>
using namespace std;
  //fun1 函数从键盘输入 20 个整数，分别存放在两个磁盘文件中
void fun1()
  {int a[10];
   ofstream outfile1(" f1.dat"),outfile2("f2.dat");   //分别定义两个文件流对象
   if(!outfile1)                              //检查打开 f1.dat 是否成功
    {cerr<<"open f1.dat error!"<<endl;
     exit(1);
    }
   if(!outfile2)                              //检查打开 f2.dat 是否成功
    {cerr<<"open f2.dat error!"<<endl;
     exit(1);
    }
   cout<<"enter 10 integer numbers:"<<endl;
   for(int i=0;i<10;i++)                      //输入 10 个数存放到 f1.dat 文件中
    {cin>>a[i];
     outfile1<<a[i]<<" ";}
   cout<<"enter 10 integer numbers:"<<endl;
   for(i=0;i<10;i++)                          //输入 10 个数存放到 f2.dat 文件中
    {cin>>a[i];
     outfile2<<a[i]<<" ";}
   outfile1.close();                          //关闭 f1.dat 文件
   outfile2.close();                          //关闭 f2.dat 文件
  }
```

```
//从 f1.dat 读入 10 个数, 然后存放到 f2.dat 文件原有数据的后面
void fun2()
  {ifstream infile("f1.dat" );  //f1.dat 作为输入文件
   if(!infile)
  {cerr<<"open f1.dat error!"<<endl;
   exit(1);
   }
   ofstream outfile(" f2.dat",ios::app);
     //f2.dat 作为输出文件, 文件指针指向文件尾, 向它写入的数据放在原来数据的后面
   if(!outfile)
     {cerr<<"open f2.dat error!"<<endl;
   exit(1);
   }
   int a;
   for(int i=0;i<10;i++)
    {infile>>a;                    //磁盘文件 f2.dat 读入一个整数
     outfile<<a<<" ";              //将该数存放到 f2.dat 中
    }
   infile.close();
   outfile.close();
  }

//从 f2.dat 中读入 20 个整数, 将它们按从小到大的顺序存放到 f2.dat
void fun3()
  {ifstream infile(" f2.dat");       //定义输入文件流 infile, 以输入方式打开 f2.dat
   if(!infile)
    {cerr<<"open f2.dat error!"<<endl;
     exit(1);
     }
   int a[20];
   int i, j,t;
   for(i=0;i<20;i++)
    infile>>a[i];                    //从磁盘文件 f2.dat 读入 20 个数放在数组 a 中
   for(i=0; i<19; i++)               //用起泡法对 20 个数排序
     for(j=0; j<19-i; j++)
       if(a[j]>a[j+1])
         {t=a[j];a[j]=a[j+1];a[j+1]=t;}
   infile.close();                   //关闭输入文件 f2.dat
   ofstream outfile(" f2.dat",ios::out);
      // f2.dat 作为输出文件, 文件中原有内容删除
   if(!outfile)
     {cerr<<"open f2.dat error!"<<endl;
      exit(1);}
   cout<<"data in f2.dat:"<<endl;
```

```
    for( i=0;i<20;i++)
      {outfile<<a[i]<<" ";        //向 f2.dat 输出已排序的 20 个数
       cout<<a[i]<<" ";}          //同时输出到显示器
     cout<<endl;
    outfile.close();
   }

int main()
  {fun1();                        //分别调用 3 个函数
   fun2();
   fun3();
   return 0;
  }
```

运行结果如下：

```
enter 10 integer numbers:
2 4 6 8 1 3 5 7 -3 0✓
enter 10 integer numbers:
-23 34 56 -25 22 67 20 - 45 52 123✓
data in f2.dat:
- 45 -25 -23 -3 0 1 2 3 4 5 6 7 8 20 22 34 52 56 67 123
```

在 DOS 环境下用 TYPE 命令检查 f2.dat 文件的内容：

```
c:\c++>type f2.dat✓
- 45 -25 -23 -3 0 1 2 3 4 5 6 7 8 20 22 34 52 56 67 123
```

符合题目要求。

在解本题目的过程中，有几点要注意：

（1）正确选择各磁盘文件的工作方式。尤其在 fun2 函数中要将 f2.dat 的工作方式指定为 ios::app。定义输出流对象 outfile 的语句是

```
ofstream outfile("f2.dat",ios::app);
```

在打开输出文件 f2.dat 时，文件指针指向文件尾，写入的数据接着添加在原有数据之后。在 fun3 函数中将 f2.dat 的工作方式指定为 ios::out：

```
ofstream outfile("f2.dat",ios::out);
```

在打开文件时，将原有内容全部删除。

（2）同一个磁盘文件可以在不同的场合下指定为不同的工作方式。如 f1.dat 在 fun1 函数中是输出文件，在 fun2 函数中是输入文件。f2.dat 在 fun1 函数中是普通的输出文件（ios::out），在 fun2 函数中是可扩展的输出文件（ios::app），在 fun3 函数中又作为输入文件。但应注意，每次用完后必须关闭，解除与文件流的关联，才能重新打开和指定工作方式。

（3）可以用文件流对象和流插入运算符"<<"、提取运算符">>"来输入输出数据。如

```
infile>>a;
outfile<<a[i]<<" ";
```

用法和下面类似：

```
cin>>a;
cout<<a[i]<< " ";
```

只是流向的对象不同而已。

（4）在向磁盘文件写数据时，要注意后面插入一个或多个空格，如

```
outfile<<a[i]<<" ";
```

作用是分隔两个数据，以便以后再从磁盘文件输入数据时能正确地组织数据。读者可以将该空格去掉，如

```
outfile<<a[i];
```

上机试运行，分析在 fun3 函数中从 f2.dat 文件读入数据的情况。

5．编程序实现以下功能：

（1）按职工号由小到大的顺序将 5 个员工的数据（包括号码、姓名、年龄、工资）输出到磁盘文件中保存。

（2）从键盘输入两个员工的数据（职工号大于已有的职工号），增加到文件的末尾。

（3）输出文件中全部职工的数据。

（4）从键盘输入一个号码，从文件中查找有无此职工号，如有则显示此职工是第几个职工以及此职工的全部数据。如没有，就输出"无此人"。可以反复多次查询，如果输入查找的职工号为 0，就结束查询。

【解】 程序如下：

```
#include<iostream>
#include<fstream>
using namespace std;
struct staff
  {int num;
   char name[20];
   int age;
   double pay;
  };
int main()
  {staff staf [7]={2101," Li",34,1203,2104," Wang",23,674.5,2108,
                   " Fan",54,778, 3006," Xue",45,476.5,5101, " Ling",
                   39,656.6},staf1;  //职工数组，含7个元素。先给出5个元素的值
```

```
       fstream iofile("staff.dat",ios::in|ios::out|ios::binary);
                                              //建立输入输出文件流
   if(!iofile)
    {cerr<<"open error!"<<endl;
     abort();
   }
 int i,m,num;
 cout<<"Five staff:"<<endl;
 for(i=0;i<5;i++)
   {cout<<staf [i].num<<" "<<staf [i].name<<" "<<staf [i].age<<" " <<
     staf [i].pay<<endl;                          //显示职工数据
     iofile.write((char *)&staf [i],sizeof(staf [i]));   //写入文件
     }
 cout<<"please input data you want insert:"<<end1.pay;
 iofile.seekp(0,ios::end);                  //定位在文件尾，此行也可不写
 for(i=0;i<2;i++)                           //增加两个职工的数据
   {cin>>staf1.num>>staf1.name>>staf1.age>>staf1.pay;
     iofile.write((char *)&staf1,sizeof(staf1));}       //写到文件尾
 cout<<"Seven staff:"<<endl;
 iofile.seekg(0,ios::beg);                  //定位于文件开头，此行不能省
 for(i=0;i<7;i++)                           //逐个读入并显示
   {iofile.read((char *)&staf [i],sizeof(staf [i]));  //读入一个职工数据
    cout<<staf [i].num<<" "<<staf [i].name<<" "<<staf [i].age<<" " <<
     staf [i].pay<<endl;              //显示一个职工数据
   }
 bool find;                                 //用find来检测是否找到
 cout<<"enter number you want search,enter 0 to stop.";
 cin>>num;                                  //输入要查的职工号
 while(num)                                 //num不为0时
   {find=false;                             //先设find为假，表示未找到
    iofile.seekg(0,ios::beg);               //定位于文件开头
    for(i=0;i<7;i++)
       {iofile.read((char *)&staf [i],sizeof(staf [i]));//读入一个职工数据
       if(num==staf [i].num)                //看职工号是否等于num
         {m=iofile.tellg();                 //返回当前字节位置
          cout<<num<<" is No."<<m/sizeof(staf1)<<endl;  //第几个职工
          cout<<staf [i].num<<" "<<staf [i].name<<" "<<staf [i].age<<" "
            <<staf [i].pay<<endl;           //输出职工数据
          find=true;                        //表示"找到了"
          break;
          }
       }
    if(!find)                               //find为假表示找不到
       cout<<"can't find "<<num<<endl;
    cout<<"enter number you want search,enter 0 to stop.";
    cin>>num;                               //再查下一个
```

```
        }
    iofile.close();
    return 0;
}
```

运行结果如下：

```
Five staff:                                    （显示 5 个职工数据）
2101 Li 34 1203
2104 Wang 23 674.5
2108 Fan 54 778
3006 Xue 45 476.5
5101 Ling 39 656.6
please input data you want insert:            （插入两个职工数据）
6001 Tan 45 1234✓
6800 Yi 53 1345✓
Seven staff:                                   （显示 7 个职工数据）
2101 Li 34 1203
2104 Wang 23 674.5
2108 Fan 54 778
3006 Xue 45 476.5
5101 Ling 39 656.6
6001 Tan 45 1234
6800 Yi 53 1345
enter number you want search,enter 0 to stop.3100✓   （查找 3100）
can't find 3100                                （找不到）
enter number you want search,enter 0 to stop.6001✓   （查找 6001）
6001 is No. 6                                  （找到了）
6001 Tan 45 1234
enter number you want search,enter 0 to stop.0✓      （不找了，结束）
```

　　成员函数 seekg 和 seekp 的作用是定位，并不执行读写。成员函数 tellg 的作用是返回文件指针的当前的字节位置。用 m/sizeof (staf1)计算出第几个职工（每个职工数据的长度为 sizeof (staf1)）。本来得到的字节位置是执行完成员函数 read 时的位置，此时指针又向前移动了一个职工数据的长度，要得到执行成员函数 read 前的指针位置，本应减去一个职工数据的长度，在输出是第几个职工时也应该减 1。但是职工序号是从 0 算起的，现在输出是第几个职工时序号从 1 算起，因此应该加 1。这样减 1 加 1 正好抵消了。所以 m/sizeof (staf1)就代表了序号从 1 算起的第几个职工。

　　请特别注意正确使用文件定位，在开始时文件中的指针总是指向文件的开头，因此第一次读写时不必人为地定位。每读写一个数据，指针就移到该数据之后。以后每次读写均以指针当前指向的数据为对象，因此一般是顺序进行读写的。如果需要改变顺序，就应当重新定位。程序中在增加两个职工数据前有一语句

```
iofile.seekp(0,ios::end);
```

作用是定位在文件尾。由于在其前面曾向文件写入 5 个职工数据，执行后指针已指到第 5 个职工数据之后，即文件尾，因此此行是可以不写的。有时难以精确地判别指针的位置，为安全起见，再显式进行定位。

在读入和显示 7 个职工数据之前，重新进行了一次定位：

```
iofile.seekg(0,ios::beg);
```

使指针定位于文件开头，此行不能省。因为其前面的操作使指针已移到文件尾。

在进行查询时，在 for 循环之前又有一次定位：

```
iofile.seekg(0,ios::beg);                //定位于文件开头
```

请读者思考：能否不要此语句？它起什么作用？

6. 在《C++面向对象程序设计（第3版）》中例 7.17 的基础上，修改程序，将存放在 c 数组中的数据读入并显示出来。

【解】 程序如下：

```
#include<iostream>
#include<strstream>
using namespace std;
struct student
  {int num;
   char name[20];
   double score;
  };
int main()
  {student stud[3]={1001," Li",78,1002," Wang",89.5,1004," Fan",90},stud1[3];
   char c[50];
   int i;
   ostrstream strout(c,50);         //建立输出串流 strout，与字符数组 c 关联
   for(i=0;i<3;i++)                  //向 c 写入 3 个学生的数据
     strout<<" "<<stud[i].num<<" "<<stud[i].name<<" "<<stud[i].score;
   strout<<ends;
   cout<<"array c:"<<endl<<c<<endl<<endl;     //显示数组 c 的内容
   istrstream strin(c,50);          //建立输入串流 strin，与字符数组 c 关联
   for(i=0;i<3;i++)                  //从 c 读入 3 个学生的数据，赋给 stud1 数组
     strin>>stud1[i].num>>stud1[i].name>>stud1[i].score;
   cout<<"data from array c to array stud1:"<<endl;
   for(i=0;i<3;i++)                  //显示 stud1 数组各元素
     cout<<stud1[i].num<<" "<<stud1[i].name<<" "<<stud1[i].score<<endl;
   cout<<endl;
   return 0;
  }
```

运行结果如下：

```
array c:
1001 Li 78 1002 Wang 89.5 1004 Fan 90
data from array c to array stud1:
1001 Li 78
1002 Wang 89.5
1004 Fan 90
```

也可以只建立一个输入输出串流，既用它向字符数组 c 写数据，又从字符数组 c 读数据。程序如下：

```cpp
#include<iostream>
#include<strstream>
using namespace std;
struct student
  {int num;
   char name[20];
   double score;
  };
int main()
  {int i;
   student stud[3]={1001,"Li",78,1002,"Wang",89.5,1004,"Fan",90},stud1[3];
   char c[50];
   strstream strio(c,50,ios::in|ios::out);
                         //建立输入输出串流 strio，与字符数组 c 关联
   for(i=0;i<3;i++)             //向 c 写入 3 个学生的数据
     strio<<stud[i].num<<" "<<stud[i].name<<" "<<stud[i].score<<" ";
   strio<<ends;
   cout<<"array c:"<<endl<<c<<endl<<endl;    //显示数组 c 的内容
   for(i=0;i<3;i++)             //从 c 读入 3 个学生的数据，赋给 stud1 数组
     strio>>stud1[i].num>>stud1[i].name>>stud1[i].score;
   cout<<"data from array c to array stud1:"<<endl;
   for(i=0;i<3;i++)            //显示 stud1 数组各元素
     cout<<stud1[i].num<<" "<<stud1[i].name<<" "<<stud1[i].score<<endl;
   cout<<endl;
   return 0;
  }
```

运行结果与前相同。

第8章

C++工具

1. 求一元二次方程式 $ax^2 + bx + c = 0$ 的实根,如果方程没有实根,则输出有关警告信息。

【解】 解题思路如下:

$$x_{1,2} = \frac{-b \pm \sqrt{b^2 + 4ac}}{2a}$$

可表示为

$$\text{disc} = b^2 - 4ac$$
$$p = -b/(2a), \quad q = \sqrt{\text{disc}}/(2a)$$
$$x_1 = p + q, \quad x_2 = p - q$$

据此可编写程序如下:

```cpp
#include<iostream>
#include<cmath>
using namespace std;

int main()
  {double q(double,double,double);
  double a,b,c,p,x1,x2;
  cout<<"please enter a,b,c:";
  cin>>a>>b>>c;
  p= - b/(2*a);
  try
   {x1=p+q(a,b,c);
    x2=p - q(a,b,c);
    cout<<"x1="<<x1<<endl<<"x2="<<x2<<endl;
   }
  catch(double d)
   {cout<<"a="<<a<<",b="<<b<<",c="<<c<<",disc="<<d<<",error!"<<endl;}
  cout<<"end"<<endl;
  return 0;
```

```
    }

double q(double a,double b,double c)
 {double disc;
  disc=b*b - 4*a*c;
  if (disc<0) throw disc;
  return sqrt(disc)/(2*a);
 }
```

运行结果如下：

① please enter a,b,c:<u>1 2 1</u>↙
   x1= -1
   x2= -1
② please enter a,b,c:<u>1 2 3</u>↙
   a=1,b=2,c=3,disc= -8,error!
③ please enter a,b,c:<u>1.2 7.5 4.2</u>↙
   x1= - 0.621877
   x2= -5.62812

2. 将《C++面向对象程序设计（第 3 版）》中例 8.3 的程序改为下面的程序，请分析执行过程，写出运行结果。并指出由于异常处理而调用了哪些析构函数。

```
#include<iostream>
#include<string>
using namespace std;
class Student
 {public:
   Student(int n,string nam)
     {cout<<"constructor-"<<n<<endl;
      num=n;name=nam;}
   ~Student(){cout<<"destructor-"<<num<<endl;}
   void get_data();
  private:
    int num;
    string name;
 };
void Student::get_data()
 {if(num==0) throw num;
  else cout<<num<<" "<<name<<endl;
  cout<<"in get_data()"<<endl;
 }

void fun()
 {Student stud1(1101," Tan" );
```

```
    stud1.get_data();
    try
     {Student stud2(0,"Li" );
      stud2.get_data();
      }
    catch(int n)
     {cout<<"num="<<n<<",error!"<<endl;}
    }
  int main()
   {cout<<"main begin"<<endl;
   cout<<"call fun()"<<endl;
   fun();
   cout<<"main end"<<endl;
   return 0;
   }
```

【解】分析程序执行过程：执行 main 函数，输出" main begin"，接着输出" call fun( )"，表示要调用 fun 函数，然后调用 fun 函数，流程转到 fun 函数去执行。在 fun 函数中先定义对象 stud1，此时调用 stud1 的构造函数，输出" constructor–1101"，并将 1101 和" Tan"分别赋给 num 和 name，然后调用 stud1 的 get_data 函数，流程转到 stud1.get_data 函数去执行。由于 stud1 中的 num=1101，不等于 0，因此输出" 1101 Tan"，接着执行 get_data 函数中最后一行 cout 语句，输出" in get_data( )"，表示当前流程仍在 get_data 函数中，执行完 stud1.get_data 函数后，流程转回 fun 函数。

接着执行 fun 函数中 try 块内的语句，定义对象 stud2，此时调用 stud2 的构造函数，输出" constructor– 0"，并将 0 和" Li"分别赋给 num 和 name。然后调用 stud2 的 get_data 函数，由于 stud2 中的 num 等于 0，因此执行 throw 语句，抛出 int 型变量 num，此时不会输出 num 和 name 的值，也不执行 get_data 函数中最后一行的 cout 语句，流程转到调用 get_data 函数的 fun 函数去处理。

由于在 fun 函数中有 catch 处理器，catch 处理器捕获异常信息 num，并将 num 的值赋给了变量 n。此时流程脱离 try 块，系统开始进行析构工作，对于从相应的 try 块开始到 throw 语句抛出异常信息这段过程中已构造而未析构的局部对象（在本程序中为 stud2）进行析构，输出" destrutor– 0"，然后再执行 catch 处理块中的语句，输出" num=0,error!"。fun 函数已执行完毕，在流程转回 main 函数之前先调用对象 stud1 的析构函数，输出" destrutor–1101"，最后执行 main 函数中最后一行 cout 语句，输出" main end"。

运行结果如下：

```
main begin
call fun()
constructor-1101
1101 Tan
in get_data()
constructor-0
```

```
destrutor-0
num=0, error!
destrutor-1101
main end
```

在本程序中，异常处理只析构了对象 stud2，而没有析构对象 stud1，因为 stud1 并不是在 fun 函数中的 try 块中定义的。stud1 是在流程正常退出 fun 函数时析构的。请读者将本程序运行过程和结果与《C++面向对象程序设计（第 3 版）》中的例 8.3 作比较分析。

3．学校的人事部门保存了有关学生的部分数据（学号、姓名、年龄、住址），教务部门也保存了学生的另外一些部分数据（学号、姓名、性别、成绩），两个部门分别编写了本部门的学生数据管理程序，其中都用了 Student 作为类名。现在要求在全校的学生数据管理程序中调用这两个部门的学生数据，分别输出两种内容的学生数据。要求用 ANSI C++编程，使用命名空间。

【解】　可以将这两个部门的有关数据的定义分别放在两个命名空间 student1 和 student2 中，并分别放在两个头文件 header1.h 和 header2.h 中。

```
//header1.h(头文件 1，文件名为 xt8-3-h1.h)
#include<string>
namespace student1
 {class Student
    {public:
      Student(int n,string nam,int a,string addr)
       {num=n;name=nam;age=a;address=addr;}
      void show_data();
     private:
      int num;
      string name;
      int age;
      string address;
    };
  void Student::show_data()
    {cout<<"num:"<<num<<"  name:"<<name<<"  age:"<<age
       <<"  address:"<<address<<endl;
    }
 }

//header2.h(头文件 2，文件名为 xt8-3-h2.h)
#include<string>
namespace student2
 {class Student
    {public:
      Student(int n,string nam,char s,float sco)
        {num=n;name=nam;sex=s;score=sco;}
```

```
    void show_data();
  private:
    int num;
    string name;
    char sex;
    float score;
  };
 void Student::show_data()
  {cout<<"num:"<<num<<"  name:"<<name<<" sex:"<<sex
      <<"   score:"<<score<<endl; }
 }
```

　　为了便于对文件的管理和系统识别，在本题中将两个头文件命名为 xt8-3-h1.h 和
xt8-3-h2.h，表示它们是第 8 章第 3 题中的头文件 1 和头文件 2，均以.h 为后缀。

　　编写主文件如下：

```
//main file(主文件)
#include<iostream>
#include "xt8-3-h1.h"                 //头文件1
#include "xt8-3-h2.h"                 //头文件2
using namespace std;
using namespace student1;
int main()
 {Student stud1(1001,"Wang",18,"123 Beijing Road,Shanghai");
  stud1.show_data();
  student2::Student stud2(1102,"Li",'f',89.5);
  stud2.show_data();
  return 0;
 }
```

　　为了简化程序，只定义了两个学生对象，其中，stud1 是用命名空间 student1 中的
Student 类定义的，stud2 是用命名空间 student2 中的 Student 类定义的。由于在主文件的
开头已用了 using namespace student1 语句对命名空间 student1 作了声明，因此对命名空
间 student1 的成员不必再用命名空间名作显式限定（不必写成 student1::Student），程序
中的 Student 就是 student1 中的 Student。

　　由于两个命名空间中有同名的类 student，因此程序中只能用一个 using namespace
语句对一个命名空间进行声明，不能写成

```
using namespace student1;
using namespace student2;
```

如果这样写，表示这两个命名空间中所用的标识符在本文件中都是全局量（不必加命名
空间名限定），这时两个命名空间中的类名 Student 就会发生同名冲突，系统无法判别它
们是哪个命名空间的 Student。所以不用 using namespace student2，而对 student2 中的成

员分别用命名空间名加以限定（如 student2::Student）。

用标准 C++编程，在程序中用了

```
using namespace std;
```

在命名空间 std 中包含了 C++标准库和标准头文件的有关内容。在本程序中用了头文件
iostream（而不是 iostream.h）。这是标准 C++的用法。

以上程序符合 ANSI C++标准。本程序在 Visual C++ 6.0 和 RHIDE（GCC）环境下
能通过编译，并能正确运行。

运行结果如下：

```
num:1001  name:Wang  age:18  address:123 Beijing Road,Shanghai
num:1102  name:Li  sex:f  score:89.5
```

第2部分

C++的上机操作

在编写好一个 C++源程序后，应当在计算机上编辑、编译和运行程序。现在一般采用集成开发环境（integrated development environment，IDE），把程序的编辑、编译、连接和运行集中在一个界面中进行，操作方便，直观易学。有多种 C++编译系统能供使用，在这部分中，介绍 3 种典型的集成环境：Visual Studio 2010、在线编译器和 GCC。第 9 章介绍用 Visual Studio 2010 编写和运行 C++程序，第 10 章介绍用在线编译器运行 C++程序，第 11 章介绍用 GCC 运行 C++程序。有了这些基础，再去学习和使用其他编译系统就不困难了。

第 9 章

用 Visual Studio 2010
运行 C++程序

9.1 Visual Studio 2010 简介

Visual C++ 2010 是 Visual Studio 2010 的一部分，要使用 Visual Studio 2010 的资源。因此，为了使用 Visual C++ 2010，首先必须安装 Visual Studio 2010。可以在 Windows 7 环境下安装 Visual Studio 2010。如果有 Visual Studio 2010 光盘，执行其中的 setup.exe，并按屏幕上的提示进行安装即可。

下面介绍怎样用 Visual Studio 2010（中文版）编辑、编译和运行 C++程序。如果读者使用英文版，方法是一样的，无非界面显示的是英文。在本章的叙述中，为方便读者学习，将同时提供中文及相应的英文显示。

双击 Windows 窗口中左下角的"开始"图标，在出现的软件菜单中，有 Microsoft Visual Studio 2010 子菜单。双击此行，就会出现 Microsoft Visual Studio 2010 的版权页，然后显示"起始页"，见图 9.1。[1]

在 Visual Studio 2010 主窗口顶部是主菜单，其中有 10 个菜单项：文件（File）、编辑（Edit）、视图（View）、调试（Debug）、团队（Team）、数据（Data）、工具（Tools）、测试（Test）、窗口（Window）、帮助（Help）。括号内的英文单词是 Visual Studio 2010 英文版中的菜单项的英文显示。

本章不详细介绍全部菜单项的作用，只介绍在建立和运行 C++程序时用到的部分内容。

---

1 也可以先从 Windows 窗口左下角依次选择"开始"→"所有程序"→Microsoft Visual Studio 2010，再找到其下面的"Microsoft Visual Studio 2010"项，单击右键，选择"锁定到任务栏（K）"，这时在 Windows 窗口的任务栏中会出现 Visual Studio 2010 的图标。也可以在桌面上建立 Visual Studio 2010 的快捷方式。双击此图标，也可以显示出如图 9.1 所示的窗口。用这种方法，在以后需要调用 Visual Studio 2010 时，直接双击此图标即可。

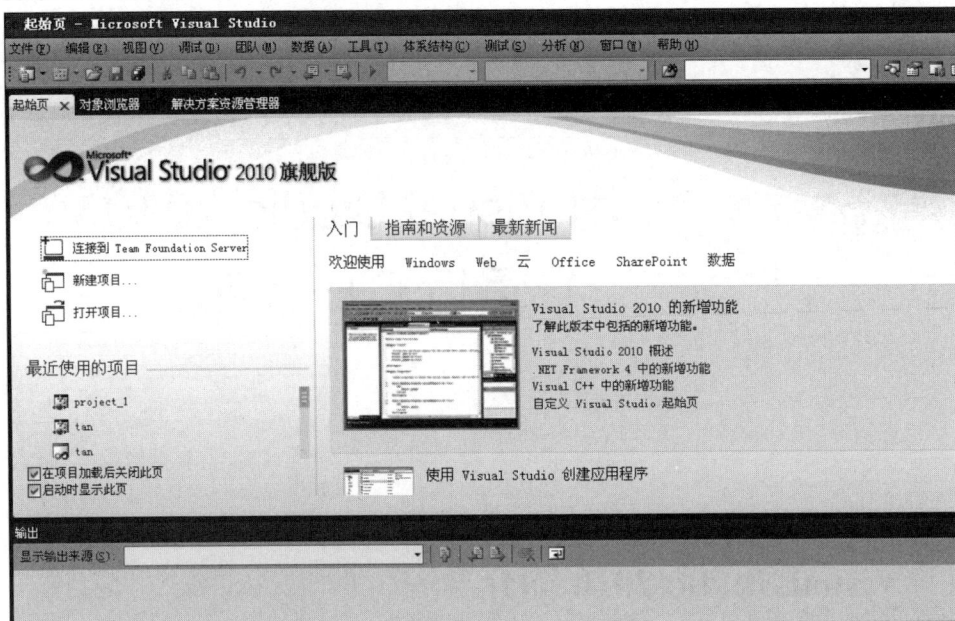

图　9.1

9.2　建立新项目

使用 Visual C++ 2010 运行一个 C++程序，要比用 Visual C++ 6.0 复杂一些。在 Visual C++ 6.0 中，可以直接建立并运行一个 C++文件，得到结果。而在 2008 和 2010 版本中，必须先建立一个项目，然后在项目中建立文件。因为 C++是为处理复杂的大程序而产生的，一个大程序中往往包括若干个 C++程序文件，把它们组成一个整体进行编译和运行。这就是一个项目（project）。即使只有一个源程序，也要建立一个项目，然后在此项目中建立文件。

下面介绍怎样建立一个新的项目。在图 9.1 所示的主窗口中，在主菜单中选择"文件（File）"，在其下拉菜单中选择"新建（New）"，再选择"项目（Project）"（为简化起见，以后表示为"文件"→"新建"→"项目"），见图 9.2。

单击"项目"，表示需要建立一个新项目。此时会弹出一个"新建项目（Open Project）"窗口，在其左侧的 Visual C++列表中选择 Win32，在窗口中部选择"Win32 控制台应用程序（Win32 Console Application）"。在窗口下方的"名称（Name）"文本框中输入建立的新项目的名字，今指定项目名为"project_1"。在"位置（Location）"文本框中输入指定的路径，今输入 D:\C++，表示要在 D 盘的 C++目录下建立一个名为 project_1 的项目（名称和位置的内容是由用户自己随意指定的）。也可以用"浏览（Browse）"按钮从已有的路径中选择。此时，最下方的"解决方案名称（Solution Name）"文本框中自动显示了 project_1，它和刚才输入的项目名称（project_1）同名。然后，选中右下角的"为解决方案建立目录（Create directory for Solution）"可选框，见图 9.3。

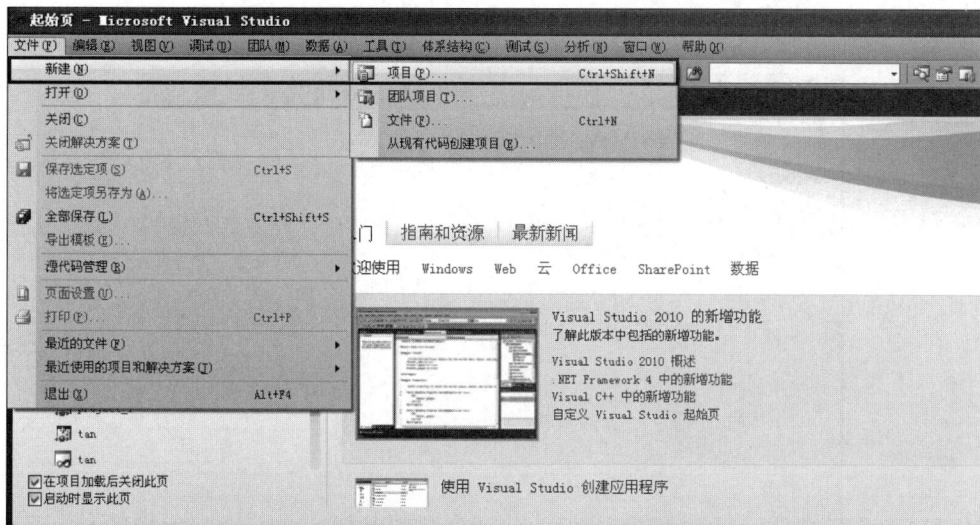

图　9.2

图　9.3

　　说明：在建立新项目 project_1 时，系统会自动生成一个同名的"解决方案"。系统会自动生成一个同名的"解决方案"。VS 2010 中的"解决方案"相当于 Visual C++ 6.0 中的"工作区（workspace）"。一个"解决方案"中可以包含一个或多个项目，组成一个处理问题的整体。处理简单的问题时，一个解决方案中只包括一个项目。经过以上的指定，形成的路径为 D:\C++\project_1（这是"解决方案"子目录）\project_1（这是"项目"子目录）。

　　单击"确定"按钮后，屏幕上出现"欢迎使用 Win32 应用程序向导（Win32 Application

Wizard）"窗口，见图9.4。

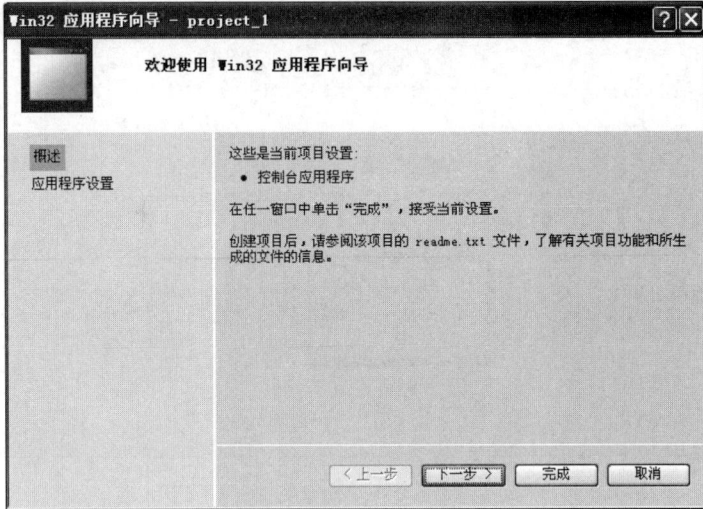

图　9.4

　　单击"下一步"按钮，出现如图9.5所示的窗口。在中部的"应用程序类型（Application type）"中选中"控制台应用程序（Console application）"单选按钮（表示要建立的是控制台操作的程序，而不是其他类型的程序），在"附加选项（Additional options）"中选中"空项目（Empty project）"，表示所建立的项目现在内容是空的，以后再往里添加。

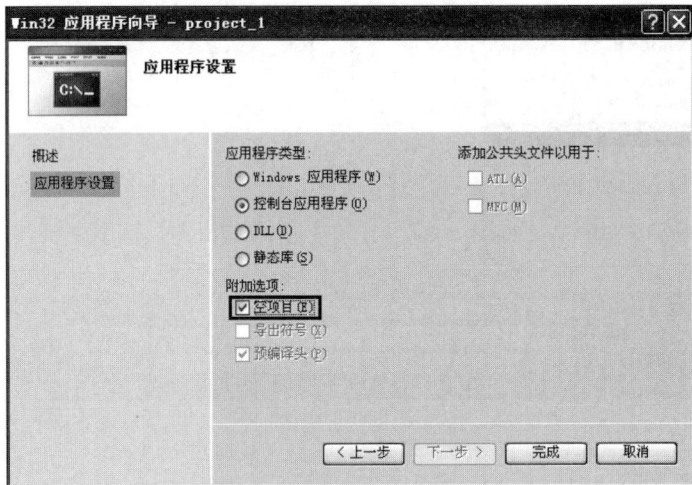

图　9.5

　　单击"完成（Finish）"按钮，一个新的解决方案 project_1 和项目 project_1 就建立好了，屏幕上出现如图9.6所示的窗口。

　　如果在图9.6中没有显示出"解决方案资源管理器"窗口中的内容，可以从主窗口右上方的工具栏中找到"解决方案资源管理器（Solution Explorer）"图标（见图9.6右上角），单击此图标，在工具栏的下一行出现"解决方案资源管理器"选项卡，还可以根据需要把工具栏中其他工具图标，如对象浏览器（Object Browser）以选项卡形式显示。单击"解决方案资源管理器"选项卡，可以看到窗口中第一行为"解决方案'project_1'（1 个项目）"（英文版显示 Solution project_1（1 project）），表示解决方案 project_1 中有一个 project_1 项目，并在下面显示出 project_1 项目中包含的内容。

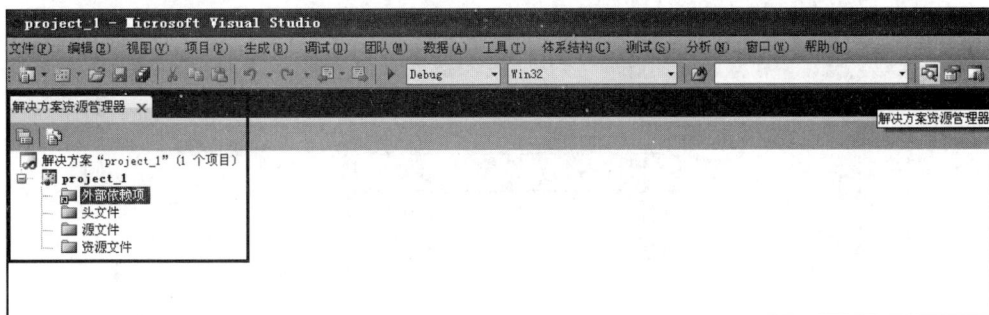

图 9.6

9.3 建立文件

有两种情况：

1. 从无到有地建立新的源程序文件。

上面已经建立了 project_1 项目，但项目是空的，其中并无源程序文件。现在需要在此项目中建立新的文件。方法如下：在图 9.6 的窗口中，右击"project_1"下面的"源文件（Source Files）"，再选择"添加（Add）"→"新建项（New Item）"命令，见图 9.7。表示要建立一个新的源程序文件。

图 9.7

　　此时，出现"添加新项（Open New Item）"窗口，见图9.8。在窗口左部选Visual C++，在窗口中部选择"C++文件（C++ files）"表示要添加的是C++文件，并在窗口下部的"名称（Name）"框中输入指定的文件名（今用test），系统自动在"位置（Location）"框中显示出此文件的路径D:\C++\project_1\project_1\，表示把test文件放在"解决方案project_1"下的"project_1项目"中。

图　9.8

　　此时单击"添加（Add）"按钮，出现test.cpp的编辑窗口，要求用户输入C++源程序。今输入了一个C++程序，见图9.9。

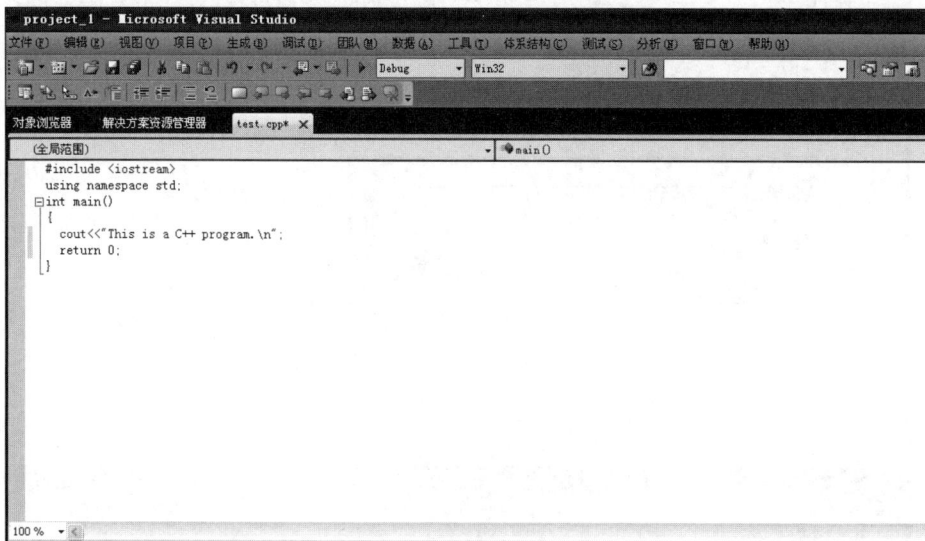

图　9.9

　　已输入和编辑好的文件最好先保存起来，以备以后重新调出来修改或编译。保存的方法是：选择"文件（File）"→"保存（Save）"命令，将程序保存在刚才建立的 test.cpp 文件中，见图 9.10。也可以用"另存为（Save As）"保存在其他指定的文件中。

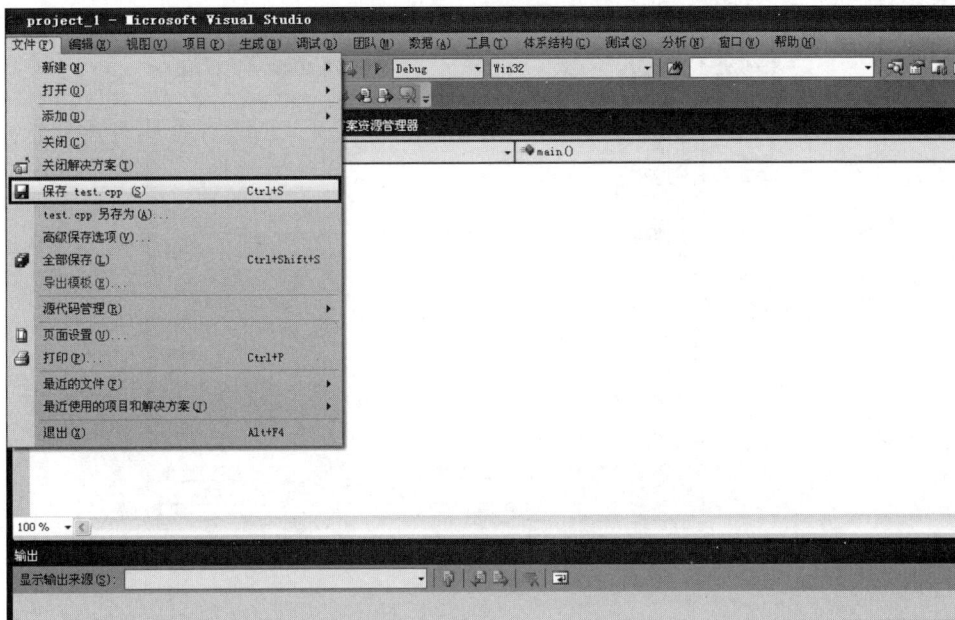

图　9.10

　　2．如果用户已经编写好了所需的 C++程序并存放在某目录下（如已存放在 U 盘上），现在希望把它调入到指定的项目中。

　　此时不是建立新文件，而是想从某存储设备中读入一个已有的 C++程序文件到项目中。可以在图 9.7 所示的窗口中选择"添加（Add）"→"现有项（Existing Item）"命令，见图 9.11。

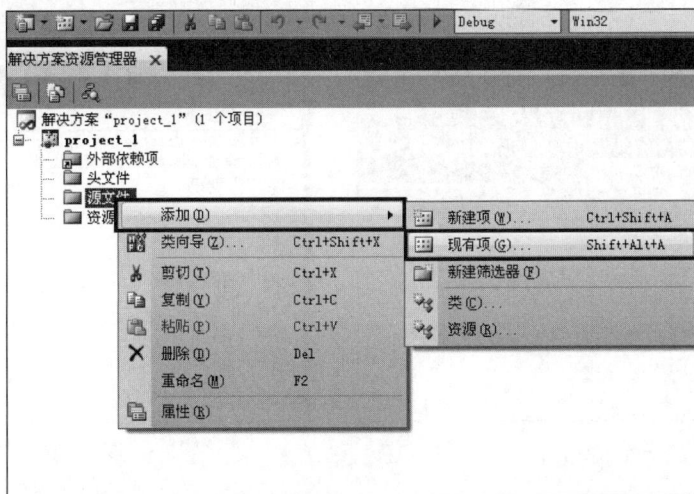

图　9.11

选择"现有项（Existing Item）"命令，出现"添加现有项（Add Existing Item）"窗口，见图 9.12。用户在"查找范围"列表框中找到文件所在的路径（今设所指定的文件在 U 盘中），然后选择所需的文件（test2），此时在窗口下部的"对象名称（Object Name）"文本框中自动显示文件名 test2。

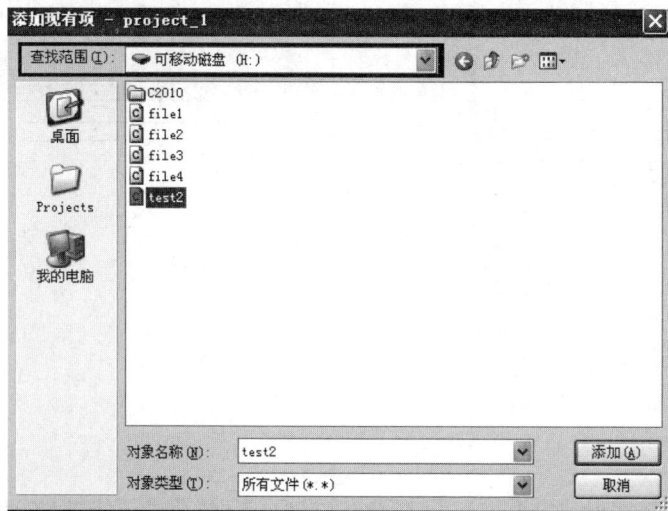

图　9.12

单击"添加"按钮，这时文件 test2 即被读入（保持其原有文件名），添加到当前项目（如 project_1）中，成为该项目中的一个源程序文件。此时出现图 9.13 所示的窗口，可以看到在"解决方案资源管理器"窗口中的"源文件"中已包含了 test2.cpp 文件。

双击文件名（test2.cpp），会显示该文件的内容（这是一个解鸡兔同笼的程序），见图 9.14。

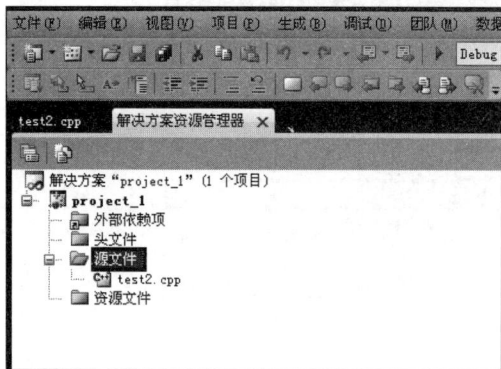

图　9.13

图　9.14

可以对此程序进行编辑修改，然后编译和运行。

9.4　进行编译

把一个编辑好并检查无误后的程序付诸编译，方法是：在主菜单中选择"生成（Build）"→"生成解决方案（Build Solution）"命令，见图 9.15。

图　9.15

此时系统就对源程序和与其相关的资源（如头文件、函数库等）进行编译和连接，并显示出编译的信息，见图 9.16。

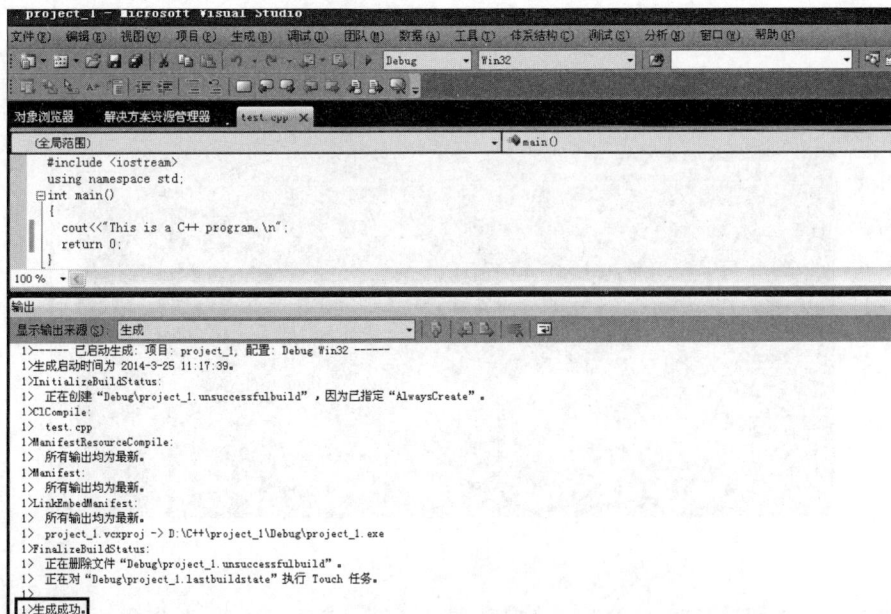

图　9.16

图 9.16 所示的窗口下部显示了生成（编译和连接）过程中的有关信息，最后一行显示"生成成功"，表示已经生成了一个可供执行的解决方案，可以运行了。如果编译和连接过程中出现错误，会显示出错的信息。用户检查并改正错误后重新编译，直到生成成功为止。

9.5　运行程序

接着，选择"调试（Debug）"→"开始执行（不调试）（Start Without Debugging）"命令，见图 9.17。程序开始运行，并得到运行结果，见图 9.18。

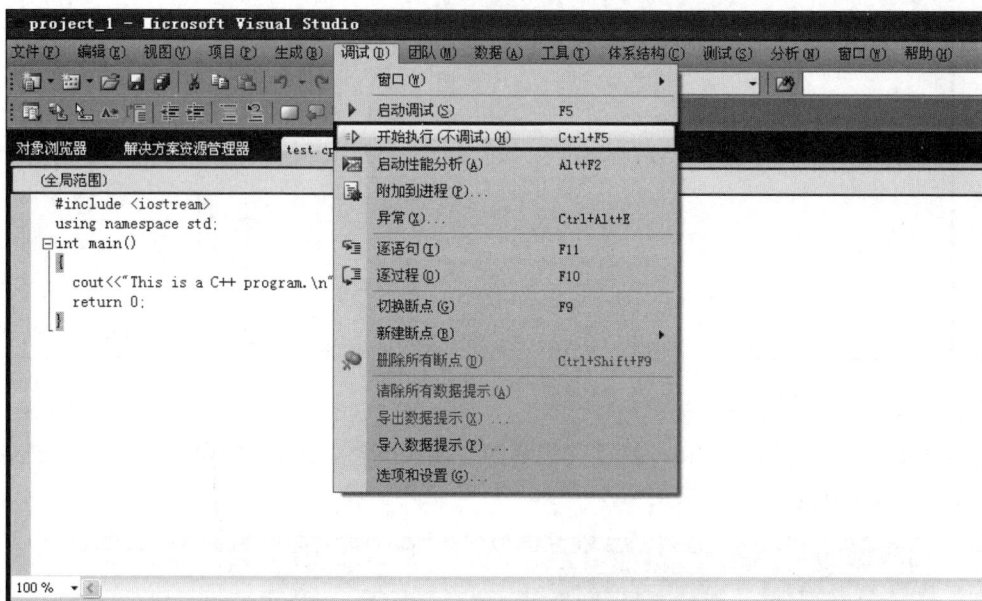

图　9.17

图　9.18

如果选择"调试（Debug）"→"启动调试（Start Debugging）"命令，程序运行时输

出结果一闪而过，使人看不清结果，可以在源程序最后一行"return 0;"之前加一个输入
语句"getchar( );"即可消除此现象。

9.6　打开一个已有的 C++文件

假如你在项目中编辑并保存一个 C++源程序，现在希望打开项目中该源程序文件，
并对它进行修改和运行。需要注意的是，不能采用打开一般文件的方法（直接从该文件
所在的子目录双击文件名），这样做是可以调出该源程序，也可以进行编辑修改，但是不
能进行编译和运行。应当先打开解决方案和项目，然后再打开项目中的文件，这时才可
以编辑、编译和运行。

在起始页主窗口中，选择"文件（File）"→"打开（Open）"→"项目/解决方案
（Project/Solution）"命令，见图 9.19。

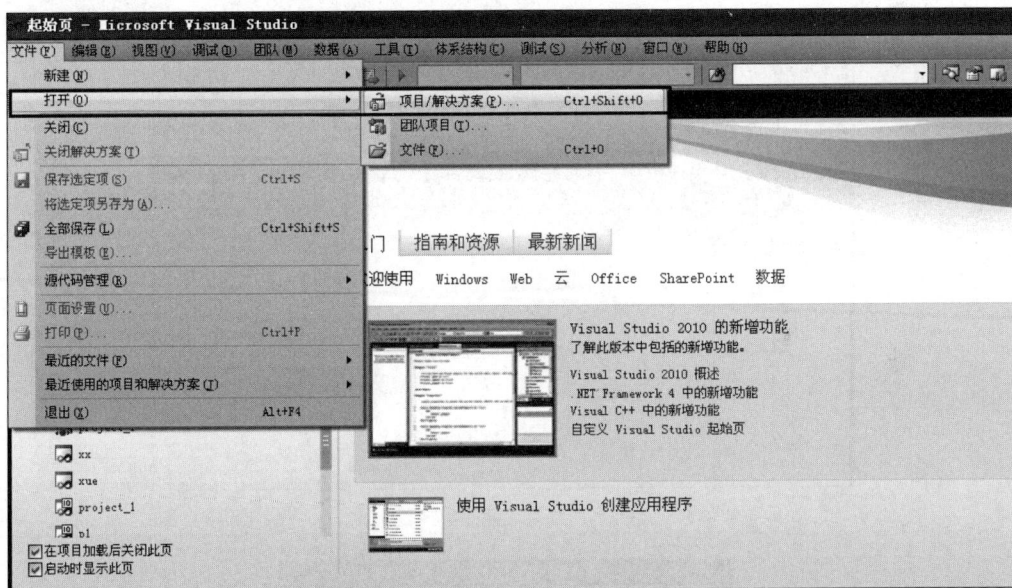

图　9.19

这时出现"打开项目（Open Project）"对话框，在"查找范围"列表框中，根据已
知路径找到你所要找的子目录 project_1（解决方案），再找到子目录 project_1（项目），
然后选择其中的解决方案文件 project_1（其后缀为.sln），单击"打开"按钮，见图 9.20。

屏幕出现"解决方案资源管理器"窗口，显示如图 9.21 所示，可以看到在源文件下
面有文件名 test.cpp。

双击此文件名，就打开 test.cpp 文件，显示出源程序，见图 9.22。可以对它进行修
改或编译（生成）。

图　9.20

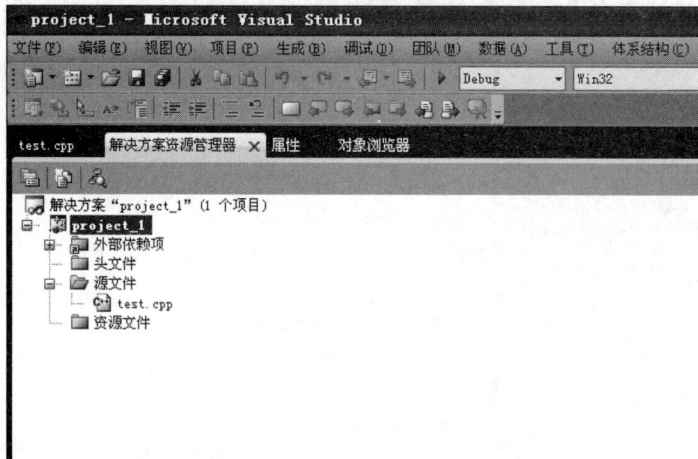

图　9.21

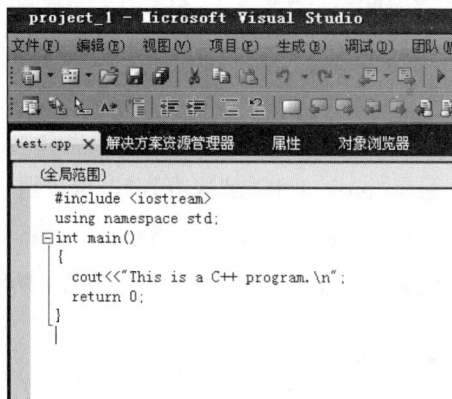

图　9.22

9.7　编辑和运行一个包含多文件的程序

　　前面运行的程序都是只包含一个文件单位，比较简单。如果一个程序包含若干个文件单位，怎样进行呢？

　　假设有以下一个程序，它包含一个主函数，3 个被主函数调用的函数。有两种处理方法：一是把它们作为一个文件单位来处理，教材中大部分程序都是这样处理的，比较简单；二是把这 4 个函数分别作为 4 个源程序文件，然后一起进行编译和连接，生成一个可执行的文件，可供运行。

　　例如，一个程序包含以下 4 个源程序文件。

　　（1）file1.cpp（文件 1）

```
#include<iostream>
using namespace std;
   int main()
   {extern void enter_string(char str[ ]);
    extern void delete_string (char str[ ],char ch);
    extern void print_string (char str[ ]);
    char c;
    char str[80];
    enter_string (str);
    scanf (" %c",&c);
    delete_string (str,c);
    print_string(str);
    return 0;
   }
```

　　（2）file2.cpp（文件 2）

```
#include<iostream>
void enter_string (char str[80])
{
  gets (str);
}
```

　　（3）file3.cpp（文件 3）

```
#include<iostream>
void delete_string (char str[ ],char ch)
{int i,j;
 for (i=j=0;str[i]!=' \0';i++)
   if (str[i]!=ch)
     str[j++]=str[i];
     str[j]=' \0';
```

```
}
```

（4）file4.cpp（文件4）

```
#include<iostream>
void print_string (char str[])
{
printf(" %s\n",str);
}
```

程序的作用是：输入一个字符串（包括若干个字符），然后输入一个字符，程序就从字符串中将输入的这个字符删除。如输入字符串" This is a C program."，再输入字符'C'，就会从字符串中删除字符'C'，成为：" This is a   program."。

操作过程如下：

（1）按照本章9.2节介绍的方法，建立一个新项目（项目名今为project_2）。

（2）按照本章9.3节介绍的方法，向项目project_2中添加一个新文件file1.cpp。并且在编辑窗口中输入上面文件1的内容，并把它保存在file1.cpp中。

（3）用同样的方法，先后向项目 project_2 中添加新文件 file2.cpp，file3.cpp，file4.cpp，并输入上面文件2，文件3，文件4的内容，并把它分别保存在 file2.cpp，file3.cpp，file4.cpp 中。此时在"解决方案资源管理器"窗口中显示在项目 project_2 中包含了这4个文件，见图9.23。

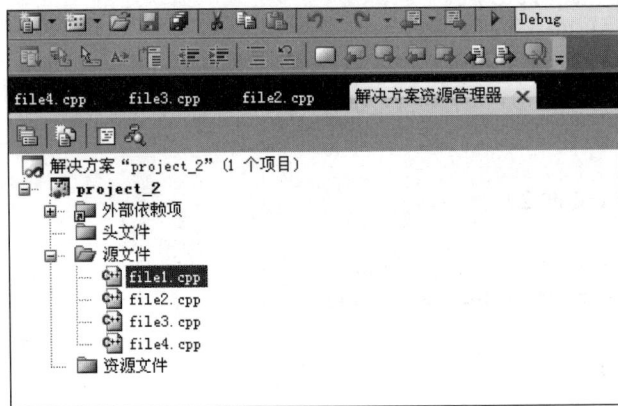

图   9.23

（4）在主菜单中选择"生成（Build）"→"生成解决方案（Build Solution）"命令，就对此项目进行编译与连接，生成可执行文件，见图9.24，在窗口最后一行可以看到"生成成功"的信息。

（5）在主菜单中选择"调试（Debug）"→"开始执行（不调试）（Start Without debugging）"命令，运行程序，得到结果，见图9.25。

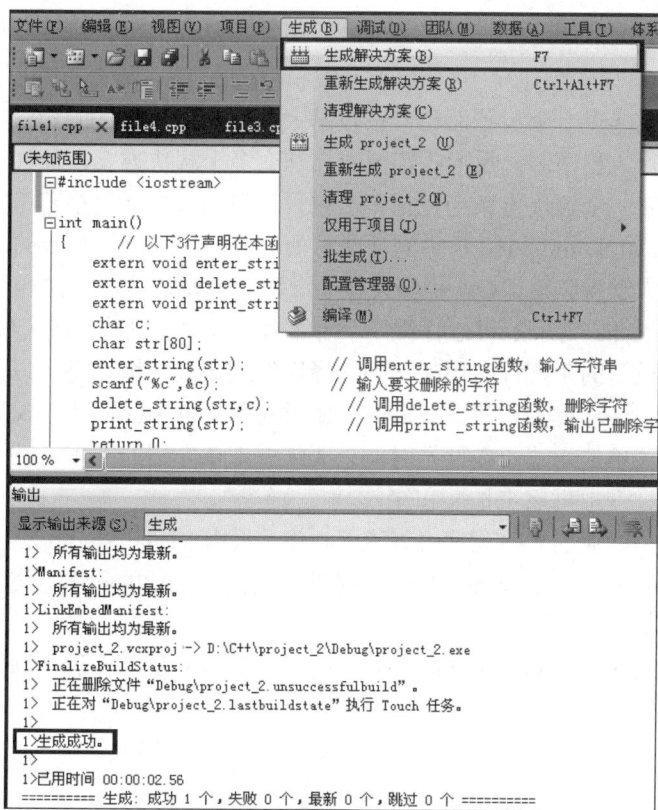

图　9.24

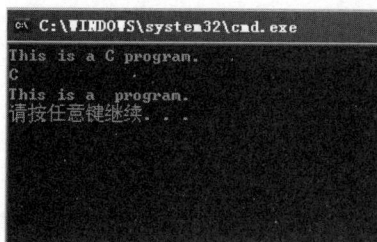

图　9.25

9.8　关于用 Visual Studio 2010 运行 C++程序的说明

　　Visual C++ 6.0 是独立的集成环境（IDE），对程序的编辑、编译和运行都在该 IDE 中完成。而 Visual Studio 2010 则不同，它把 Visual C++、Visual Basic 和 C#等全部集成在一个 Visual Studio 集成环境中，Visual C++ 2010 是 Visual Studio 2010 中的一部分，不能单独安装和运行 Visual C++ 2010。这样做的好处是各部分可以充分利用 Visual Studio 2010 的丰富功能。

　　Visual Studio 2010 功能丰富强大，对于处理复杂大型的任务是得心应手的。但是如果用它来处理简单的小程序，则是杀鸡用宰牛刀，如同把火车轮子装在自行车上，反而觉得行动不便。例如，每运行一个 C++习题程序，都要分别为它建立一个解决方案和一个项目，运行 10 个程序要建立 10 个解决方案和 10 个项目，显得有些麻烦。但是，用熟了也就习惯了，无非多一个步骤而已，在技术上并不是很难掌握的。

其实，在运行大程序时，反而不需要建立这么多个解决方案，而往往只需要一个解决方案就够了，在一个解决方案中包括多个项目，在项目中又包括若干文件，构成一个复杂的体系。Visual Studio 2010 提供的功能对处理大型任务是很有效的。

作者认为，大学生学习"C++程序设计"课程，主要是学习怎样利用 C++语言进行面向对象的程序设计。为了上机运行程序，当然需要有编译系统（或集成环境），但它只是一种手段。从教学的角度说，用哪一种编译系统或集成环境都是可以的。不要把学习重点放在某一种编译环境上。建议读者在开始时对 Visual Studio 不必深究，不必了解其全部功能和各种菜单的用法。在开始时，只要掌握本章介绍的基本方法，能运行 C++程序即可。在使用过程中再逐步扩展和深入。

如果将来成为专业的 C++程序开发人员，并且采用 Visual Studio 2010 作为开发工具时，就需要深入研究并利用 Visual Studio 提供的强大丰富功能和丰富资源，以提高工作效率与质量。

Visual Studio 2008 和 Visual Studio 2010 的用法基本上是一样的，因此对 Visual Studio 2008 不再作介绍。

第 10 章

用在线编译器
运行 C++程序

第 9 章介绍了用 Visual Studio 编译和运行 C 程序的方法。它是一个常用的软件的编译系统，支持 C 和 C++等编程语言，供开发大型程序使用，系统庞大，构造复杂，使用要求较高，需要安装在一台计算机上才能运行，而且对运行环境要求比较高。即使运行一个很简单的程序，也要经过多个严格的步骤，这就使许多初学者感到不方便。

为了方便初学者运行测试简单的程序，有的软件商推出了"在线编译器"，用户不必下载安装 C++的编译系统，而直接使用网上的"在线编译器"来编译和运行 C 程序。

现在介绍其中最简单的一种：C++ shell。其使用方法如下：

1. 登录上线

可以登录网址：http://cpp.sh，并打开随后出现的 C++ shell。出现如图 10.1 所示的界面。

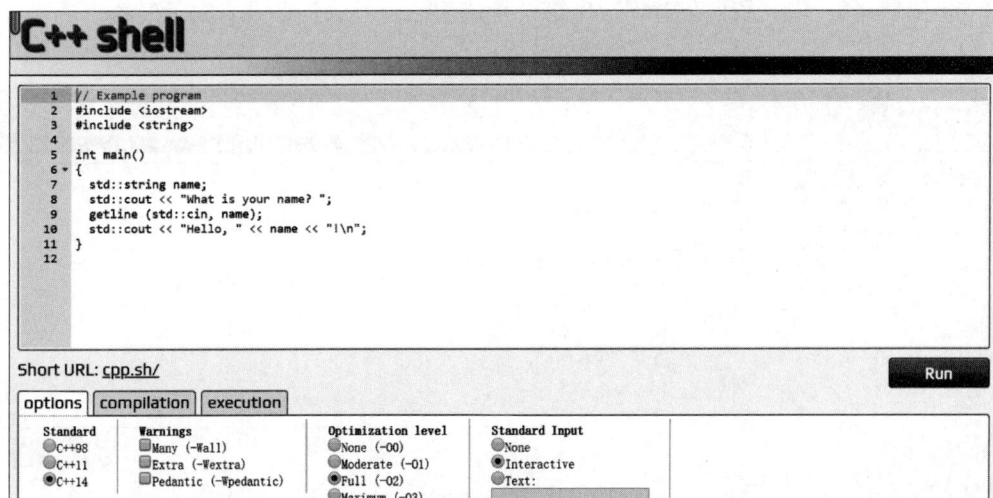

```
C++ shell
1    // Example program
2    #include <iostream>
3    #include <string>
4
5    int main()
6    {
7        std::string name;
8        std::cout << "What is your name? ";
9        getline (std::cin, name);
10       std::cout << "Hello, " << name << "!\n";
11   }
12
```

Short URL: cpp.sh/   Run

options compilation execution

Standard	Warnings	Optimization level	Standard Input
○C++98	□Many (-Wall)	○None (-O0)	○None
○C++11	□Extra (-Wextra)	○Moderate (-O1)	●Interactive
●C++14	□Pedantic (-Wpedantic)	●Full (-O2)	○Text:
		○Maximum (-O3)	

图　　10.1

可以看到：上部是程序区，用来输入和修改程序。现在系统自动显示了一个 C++例题程序（Example program）。下部是有关信息区，开始时显示出一些选择项，初学者可以默认图中的选项。

2. 输入程序

可以把上面的程序改为自己准备运行的程序。现在通过键盘输入了一个 C++程序，如图 10.2 所示。

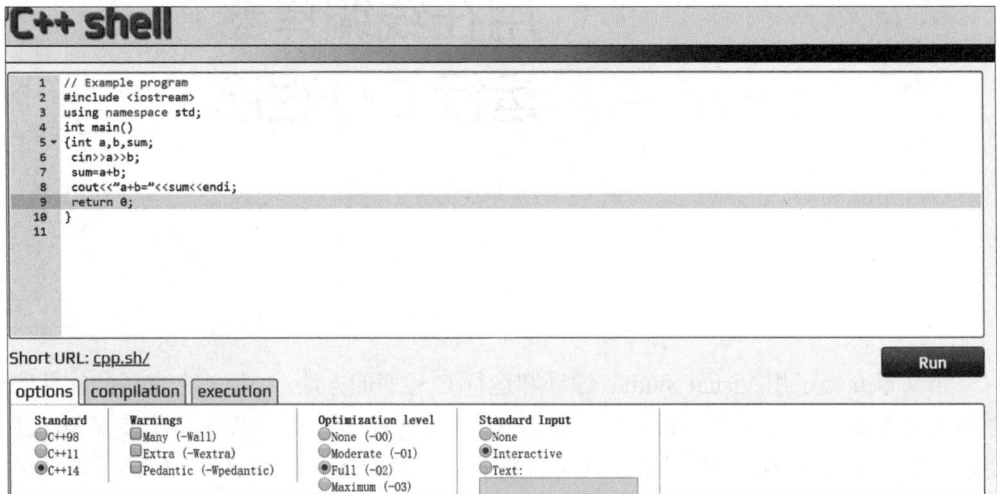

图　10.2

说明：既可以用键盘输入程序，也可以先用 Word 写好一个程序，然后复制到上面的程序区。

3. 编译程序

单击右侧的 Run 按钮，系统对程序进行编译，如果程序有语法错误，会在信息区显示"出错信息"。现在我们故意把程序第 7 行最后的分号去掉，看看编译时输出的信息，见图 10.3。

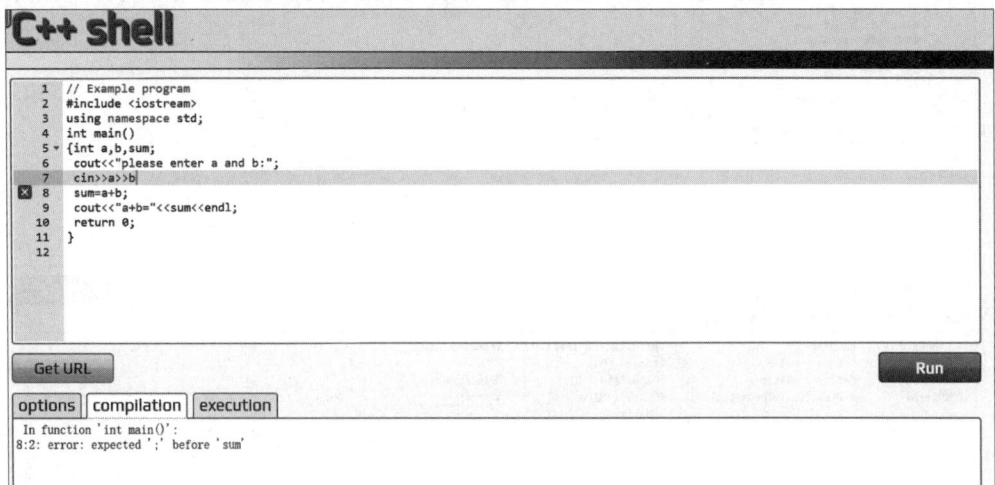

图　10.3

请看下部信息区中输出的编译信息。现在它告诉我们：在主函数中第 8 行出现错误"在 sum 之前缺少一个分号"。本来这个错误出在第 7 行末，系统发现第 7 行末没有分号，于是接着在第 8 行找，如果第 8 行的第 1 个有效字符是分号，程序还是合法的。但是第 8 行第 1 个字符是空格，第 2 个字符是's' 而不是分号。因此认为在第 8 行第 2 个字符处有错："在主函数中第 8 行第 2 个字符处，在 sum 之前没有分号"。在上面程序区中第 8 行的左侧也出现一个"×"号，以提醒用户检查。

4. 改正错误后再按 Run 按钮，系统再次进行编译，结果未发现错误，编译通过。接着自动进行运行，得到运行结果。见图 10.4。

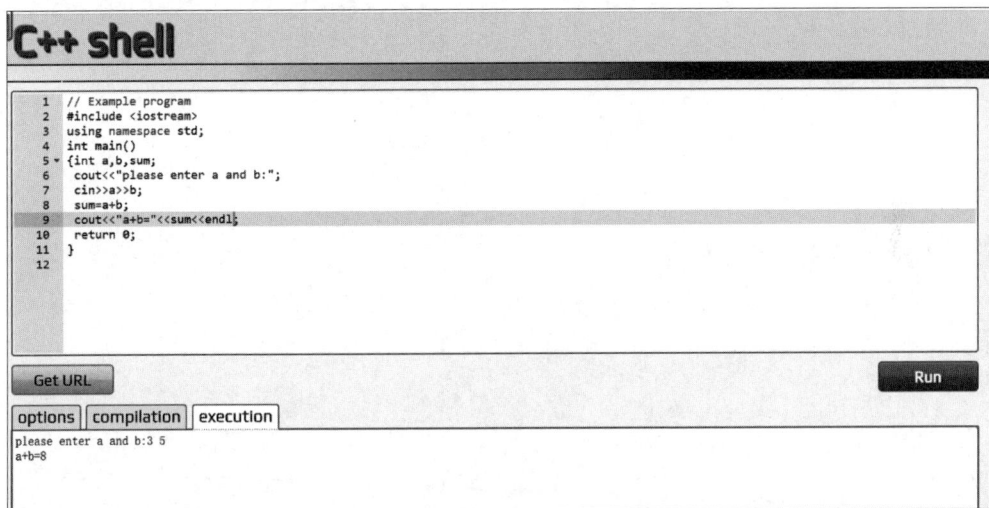

图　　10.4

可以看到，此时下部的信息区中显示了运行信息：系统先输出"please enter a and b:"，此时用户输入 a 和 b 的值 3 和 5（两数间以空格间隔。然后按 Enter 键，系统输出 a+b 的值 8。

可以看到：用线上编译器进行运行程序是很简单和方便的，即使没人讲解，也能自己看懂的。

需要指出：cpp.sh 是最简单的线上编译器之一，没有为用户预留存储程序的空间，运行的程序文件没有文件名，运行后也不保留源程序、目标程序和可执行文件。也不能指定编译系统如运行以某一文件名的程序。如果想保留源文件，只能用复制的方法把它保存为文本文件，以后用时再复制进来。它比较适用于临时需要运行的小程序，对初学者比较合适，可以免去学习复杂的编译系统的时间。

其他在线编译器在编译方面大同小异，有些有不同的保存功能，有些可以保存在本地，其他可以申请账号，源程序可以被保存在云端。有兴趣的读者可以自行尝试其他在线编译器不同的功能。

其他在线编译器如下：

https://www.jdoodle.com/c-online-compiler/

https://www.codechef.com/ide

https://www.onlinegdb.com/online_c_compiler

https://www.mycompiler.io/new/c

https://repl.it/languages/c

https://paiza.io/en/projects/new?language=c

https://www.tutorialspoint.com/compile_c_online.php

https://ideone.com/

第 11 章

用 GCC 运行 C++程序

第 9 章介绍了 Visual Studio 的使用方法，但 Visual Studio 使用方法比较复杂，适用于编译和运行规模较大的程序。第 10 章介绍了用在线编译器编译和运行 C++程序的方法，它简单易学，无须安装，但不能用来编译大型程序，而且它与大型软件工程工具区别甚大，其使用经验也对未来开发大型实用程序没有太多借鉴价值。那么有没有既易于上手，又可以渐进到未来大型程序开发的方法呢？答案是肯定的，可以使用 GCC 编译器对 C++程序进行编译和运行。

11.1 GCC 简介

GCC 最早是 GNU-C-Compiler(GNU C 语言编译器)的缩写，现在则是 GNU Compiler Collection（GNU 编译器集群）的缩写。

GNU 是一个类 UNIX 操作系统，以 Linux 为它的核心。GNU 是一个没有实际意义的"自缩略语"——Gnu is Not UNIX。意思是"Gnu 不是 UNIX"，这是为了表明它虽然从功能角度讲类似 UNIX 但与 UNIX 不同，主要是完全没有使用商业知识产权，因而可以完全自由使用。GNU 是自由软件（或称开源软件）运动的一个代表。

1983 年，一些早年的 UNIX 开发者发起了一个开放软件运动。他们认为，软件应当是开放的，任何人都应该可以接触到源代码，这样不仅用户可以随时根据自己的需要修改程序，而且软件本身也可以通过类似生物进化的模式（无限分支，优胜劣汰）得到全面的完善。

GCC 是一个开放的程序语言编译器。GCC 的核心是 C/C++编译器。GCC 与众不同的特点在于它是完全开放的，是自由软件，可以从网上下载，任何人都可以免费得到这个软件包甚至源代码。由于 GCC 的开放性，它已经被软件行业的自由开发者移植到各种不同平台。

由于 GCC 不属于营利性的公司，没有任何商业意图，因而其实现的功能最接近 ANSI 标准，GCC 是目前最标准的 C/C++语言编译器之一。使用 GCC 的程序人员的习惯可以说是最好的。因为他们习惯于正确使用标准的 C/C++用法。由于 GCC 移植到了多种不同平台，为 GCC 写的程序在各个平台之间，是源代码级兼容的（个别直接操作硬件的程序除外）。这为程序的跨平台性打下了良好基础。GCC 在国际软件开发行业应用十分广泛，很有发展前途。建议读者学习它，使用它。

GCC 的核心是编译和连接，也就是把源程序转换成可执行程序。GCC 自己并没有内嵌的集成编辑器，这是因为在 Linux 和 UNIX 系统中，已经有很多功能强大的编辑器，具有非常好的集成性。这样程序员可以使用他们习惯的编辑器，利用 GCC 编译连接。

在本章的 11.2 和 11.3 节介绍了一种简单的方法使用 GCC 编译和运行 C++程序。

GCC 的强大适应性体现在它丰富的命令行参数里，本书没有对此进行系统详细的介绍，只是在 11.4 和 11.5 节中通过具体的例子，使读者学会使用命令行进行程序的编译与运行。

11.2 本书为读者定制的简单易用的 GCC 环境

很多人想用 GCC，但是一般使用 Windows 的用户安装 Linux 系统和 GCC 感觉不太方便。为了使读者能在 Windows 以及其他非 Linux 操作系统中方便地使用 GCC，本书作者利用开源软件资源，为没有 Linux 环境的读者准备了一个简单易用的 Linux 虚拟环境。

读者可以打开 https://cn.learnc.dev 直接访问这个环境。见图 11.1。

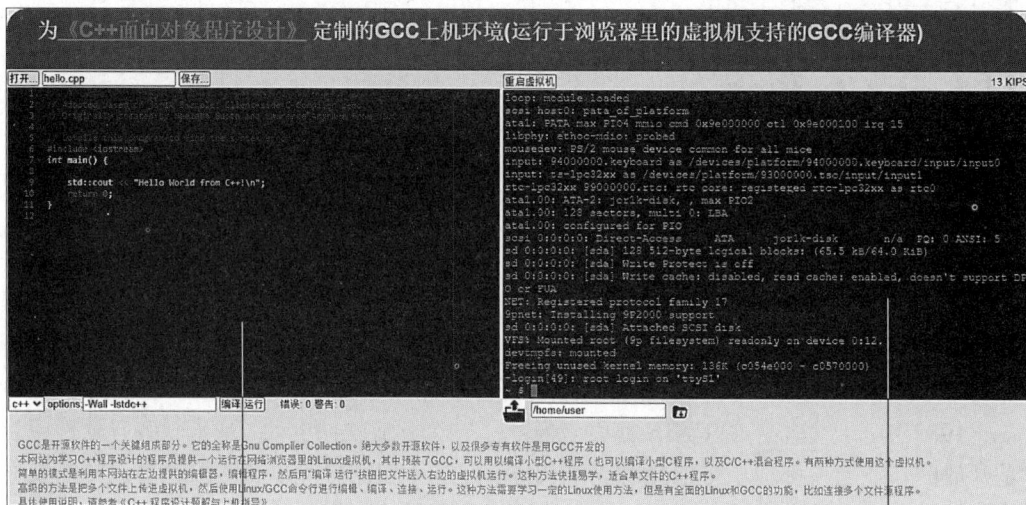

图   11.1

这个环境无须注册登录，它在用户的网页浏览器里运行一个 Linux 的虚拟环境。

前面提到，GCC 没有提供现成的内嵌的编辑器，现在我们构建了图 11.1 左边的编辑窗口，这就为没有 UNIX/Linux 经验的读者提供了一个熟悉的编辑环境。这是一个易编辑环境，可以用于编辑、读取和保存源程序文件（把源程序保存到读者的本地计算机上）。

右边是一个的 Linux 的虚拟机窗口。GCC 已经安装在这个环境中。虚拟机最下面一行的"~$"表示虚拟机在待命状态。这个时候虚拟机可以接受指令。

使用者可以在左边的编辑窗口编辑源程序，然后单击下部的"编译 运行"按钮，把程序传送到右边的虚拟机里编译执行。执行结果会显示在右边的窗口里。

11.3　简易编辑、编译和运行 C++程序

第 1 步，编辑源程序。

网页打开时，左面的编辑窗口中已经自动加入了一个 hello.cpp 文件。这是一个最基本的 C++程序，它的作用是输出"Hello World from C++!"。用户可以在这个基础上做修改，形成自己的源程序。

在使用中用户会发现，这个编辑器有一些易用的功能，比如：括号匹配，显示当前的括号对应哪个右括号；关键字会显示为玫瑰红色；字符串显示为黄色等。

我们对上面的源程序进行修改，增加了用 cin 输入名字（s_name）的语句，见图 11.2 所示的编辑窗口。

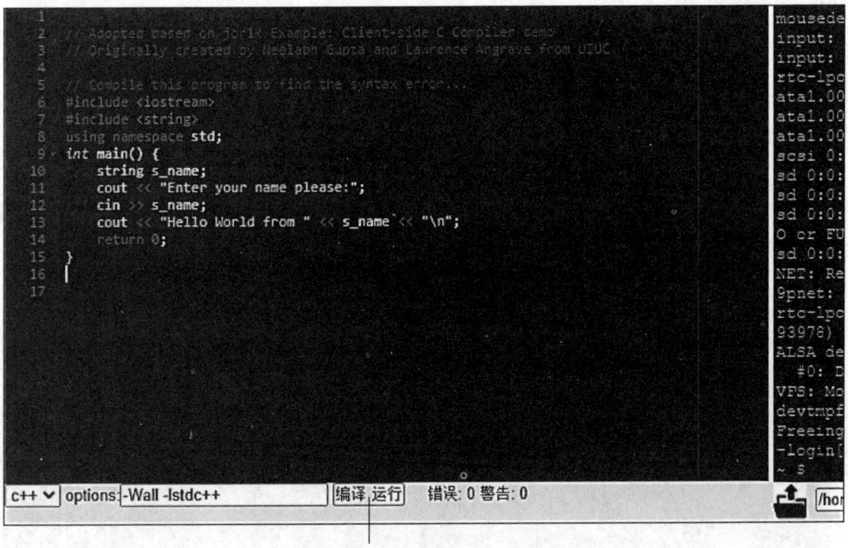

"编译 运行"按钮

图　11.2

第 2 步，编译运行。

在编辑窗口的正下方，有一个"编译 运行"按钮。当读者检查过自己的源代码没有错误后，可以单击这个按钮来编译运行自己的程序。在单击这个按钮后，按钮旁边会出现灰色 COMPILING 的字样，说明虚拟机正在进行编译（注意：在单击"编译 运行"按钮时，右侧虚拟机窗口应该在待命状态，显示"~$"提示符）。

在运行这个程序时，根据程序的要求，右边窗口先显示"Enter your name please"请用户输入名字。此时，需要先单击右边窗口（因为刚才单击"编译 运行"按钮时，系统的焦点还在该按钮上，虚拟机没有与输入设备关联），然后，要求用户输入一个字符串，

我们输入了"C++"作为字符串变量 s_name 的值。按 Enter 键后，程序就会继续输出"Hello World from C++"并结束，见图 11.3。

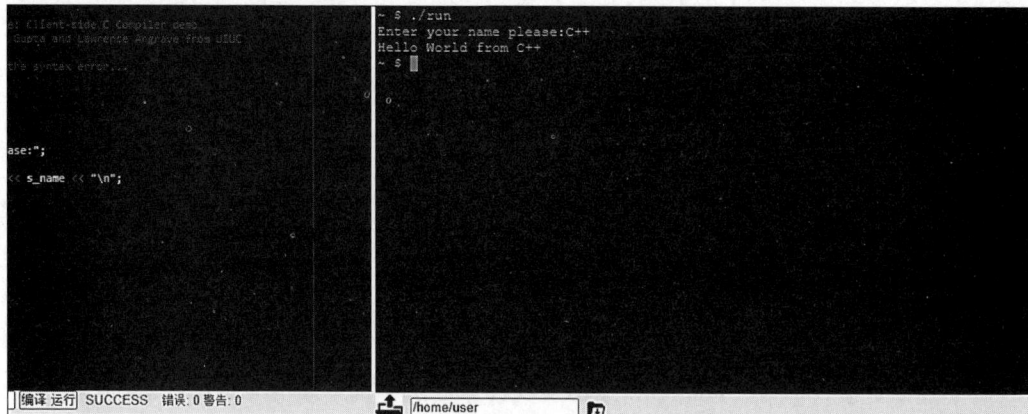

图　11.3

第 3 步，检查运行结果。

当编译结束后，"编译 运行"按钮旁的状态文字显示绿色的 SUCCESS，表示编译成功，同时程序的输出结果显示在右边的虚拟机窗口。

第 4 步，保存源文件。

用户往往希望把源程序保存到自己的计算机上。可以通过单击窗口上部的"保存"按钮来实现，见图 11.4。

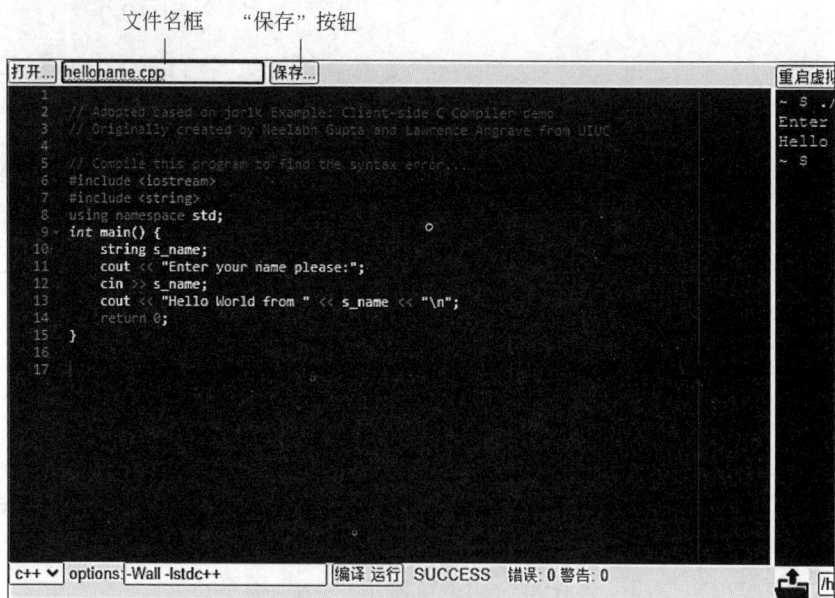

图　11.4

首先在窗口上部的"文件名框"里输入用户指定的源文件名（如 helloname.cpp）。

然后单击"保存"按钮。这时，根据用户的浏览器设置，可能会打开一个"保存为"对话框，问你想把文件保存在哪里，以及给你一个机会给文件取一个新的名字，也可能直接把文件下载到你预定的下载目录里，保持你在文件名框里给出的名字。有的读者可能会发现，这很像下载文件呀，是的，这个"保存"按钮其实就是把源文件从编辑窗口下载到用户的计算机。

　　请读者注意：这个虚拟机是运行在用户的网页浏览器里的，一旦用户关闭了浏览器，或者访问其他网页，这个虚拟机的内容就会清空，下次打开时，不会保存原有的内容。所以请记住在关闭本网页前把源程序保存到自己的计算机中。

　　第 5 步，打开文件。

　　下次再登录这个环境时，会看到文件名框显示系统默认的 hello.cpp 文件，左边的编辑窗口内容也恢复初始内容。这时用户可能需要打开一个已保存在本地计算机中的文件进行编辑，可以用编辑窗口左上方的"打开"按钮来重新打开一个文件，找开的文件会出现在左边的编辑窗口，文件名框也显示用户打开的文件的名字。

　　第 6 步，简易调试、除错。

　　如果在编译过程发现程序有错，怎样观察和分析出错信息呢？在"编译 运行"按钮的旁边，有一个状态显示，显示编译的状态，见图 11.5。

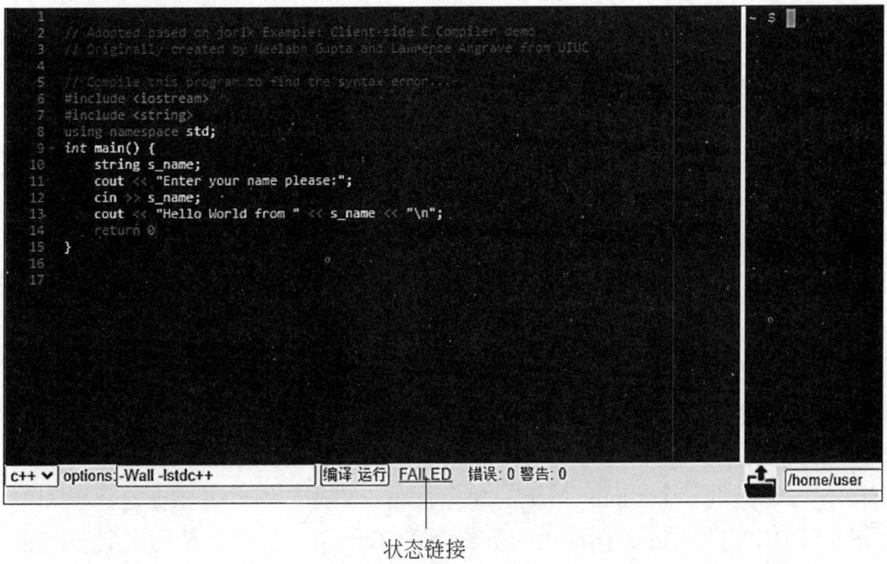

图　11.5

　　如果把上面程序中第 14 行"return 0;"最后的分号去掉，故意制造一个错误。这时再单击"编译 运行"按钮，就会看到状态显示出一个红色的 FAILED 字样，表示编译失败，同时右边窗口回到了待命状态"~ $"。

　　单击 FAILED 状态链接，就会看到弹出的具体错误信息。见图 11.6。

　　在这个信息中指出：在 helloname.cpp 的 main 函数里 15:1（第 15 行第 1 个字符）有错误。本来在第 14 行的最后应当有一个分号，但是我们把它删除了，系统没有发现分

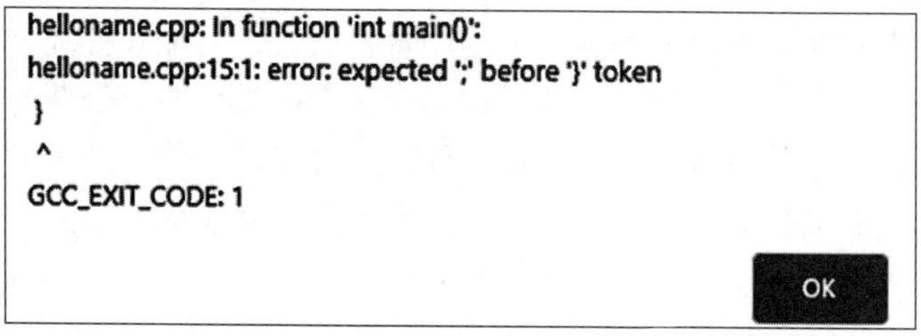

```
helloname.cpp: In function 'int main()':
helloname.cpp:15:1: error: expected ';' before '}' token
 }
 ^
GCC_EXIT_CODE: 1

                                          OK
```

图　11.6

号，接着到第 15 行的开头去找，仍然没有发现分号，而是碰到了程序结束的花括号"}"，所以在第 15 行第 1 个字符处报错。

改正程序中所有错误，再重新编译，直到编译正确为止。

用 11.2 节和 11.3 节介绍的方法，就可以在学习 C++ 阶段轻松方便地运行一个 C++ 程序了。上面介绍的环境为初学者提供了一个在线编辑器，它的使用和功能很像常用的图形用户界面代码编辑器。读者可以很快上手。

11.4　直接用 Linux 环境和 GCC 编辑、编译和运行 C++程序

11.4.1　怎样在 Linux 环境里编辑、运行 C++程序

有的读者想：用以上的方法能够在 Windows 环境下方便地用 GCC 运行 C++程序，但是如果以后从事专业的开发工作，要直接在 Linux 系统中用 GCC 进行工作，那么怎样使用 GCC 的命令行进行工作呢？其实上面介绍的 Linux 虚拟环境的右边窗口就是一个完整的 Linux 命令行系统，通过下面的介绍，完全可以了解怎样使用 GCC 的命令行进行工作。

现在我们不使用左边的编辑窗口，而是在右边的虚拟机窗口直接用 GCC 进行工作。读者可以由此开始学习 Linux 的系统以及 GCC 命令行的使用方法。请读者注意，Linux 有很多图形用户界面，但是我们上面提供的虚拟机不包括图形用户界面，而仅仅包括一个命令行"壳"，提供一个 Linux 系统的命令行用户界面。读者可以在这里学习怎样使用命令行进行工作。它和 Linux 图形用户界面下的 Terminal 中的情况是完全一样的。用 ssh 远程连接到 Linux 系统，命令行界面也是一样的。

第 1 步，目录与提示符。

我们前面说过"~ $"是待命状态，"~"在 Linux 系统里代表"主"目录，或者叫"家"目录，就是用户存放自己文件的目录，相当于 Windows 系统里面的"我的文档"（或者"My Documents"）的父目录，就是用户的"主"目录。而"$"是命令行提示符，表示 Linux 准备接受下一个指令了。所以"~ $"合在一起，表示 Linux 在主目录下，等待接受指令。这意味着上一个指令已经执行完毕（或者被转入后台进程，在此深入探讨后台进程）。

　　如果要输入 Linux 指令，应该等到系统显示"～$"提示符。读者会注意到，前面用左边的编辑窗口的"编译 运行"按钮运行 C++程序后，右侧的 Linux 虚拟机窗口也是显示"～$"的。

　　第 2 步，编辑文件。

　　Linux 系统上有很多编辑软件，我们用一个最简单而直观的称为 nano 的编辑器。在"～$"命令行输入"nano hello.cpp"，表示要编辑一个名为 hello.cpp 的文件，见图 11.7。

图　11.7

　　按 Enter 键后，屏幕显示如图 11.8 所示。

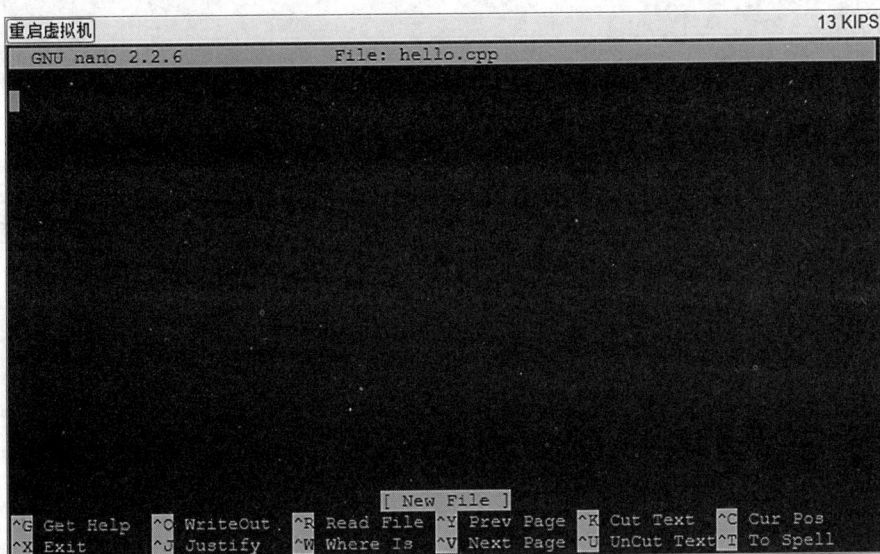

图　11.8

　　窗口最上面中间显示"File: hello.cpp"，这是当前正在编辑的文件名。屏幕下方显示一些在编辑时常用到的功能及其快捷键。与 Windows 系统一样，"^"代表 Ctrl 键，"^X"表示同时按住 Ctrl 和 X 键。

　　现在输入最简单的 Hello World 程序，然后按"^X"键，见图 11.9。

　　窗口下部显示：nano 编辑器询问是否要保存 buffer（也就是暂时存于内存中的已修改的内容），如果认为无须修改了，可以选择 Y。然后 nano 会提示确认文件名，见图 11.10。

　　这时直接按 Enter 键即可，因为文件名已经在启动 nano 时提供了。这时会出现图 11.11 的界面。可以看到"[Wrote 5 lines]的反白字样，说明用 nano 编辑器已写了 5 行到 hello.cpp 文件里。看到"～$"，说明 Linux 已经回到待命状态。

　　在此状态下输入"ls -1"，列出文件的目录（ls 是 Linux 下的目录列表命令，" -l"是

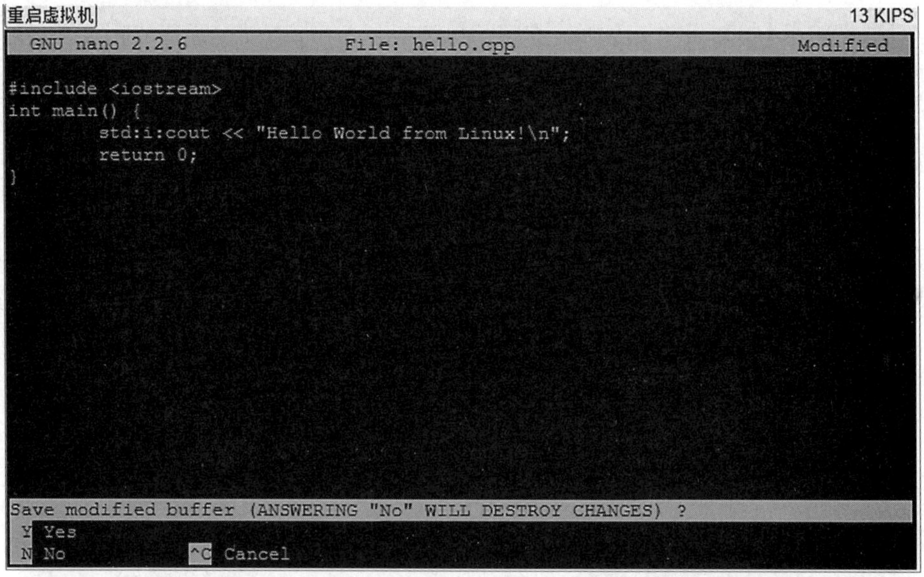

图 11.9

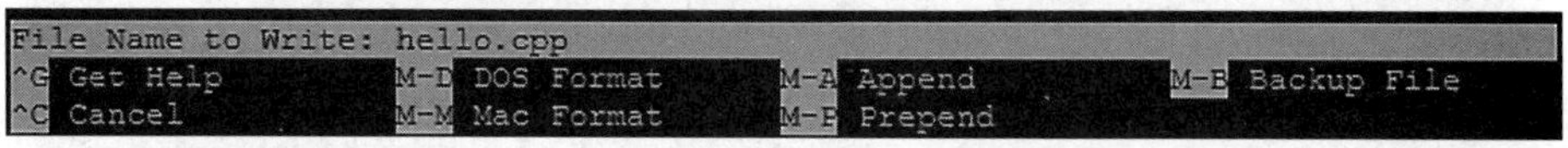

图 11.10

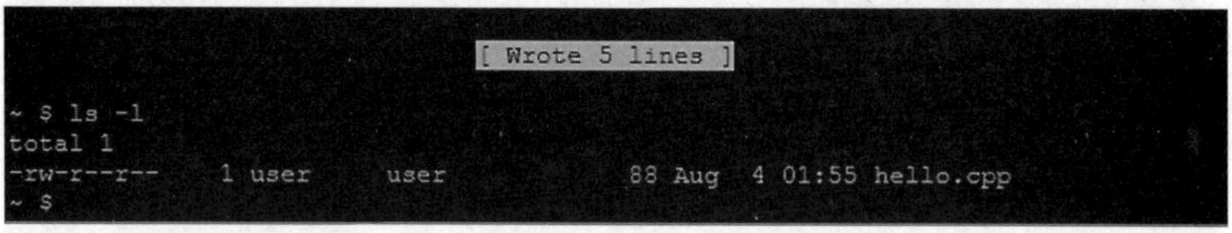

图 11.11

命令行选项，它告诉 ls 以"长格式"输出目录列表）。初学者请注意上面的"ls -l"中的"l"是英文小写字母 l，而不是数字 1。

可以看到已新建立了一个 hello.cpp 文件。

第 3 步，编译 C++程序。

在命令行用 GCC 编译 C++程序最简单的方法是用"g++"命令。可以输入"g++ hello.cpp -o hello.run"。其中，第一个参数 hello.cpp 是要编译的文件名，第二个参数"-o"是一个命令行选项，它告诉 g++其后面跟的参数 hello.run 是编译后输出的文件名，也就是说要 g++把 hello.cpp 编译成 hello.run，见图 11.12。

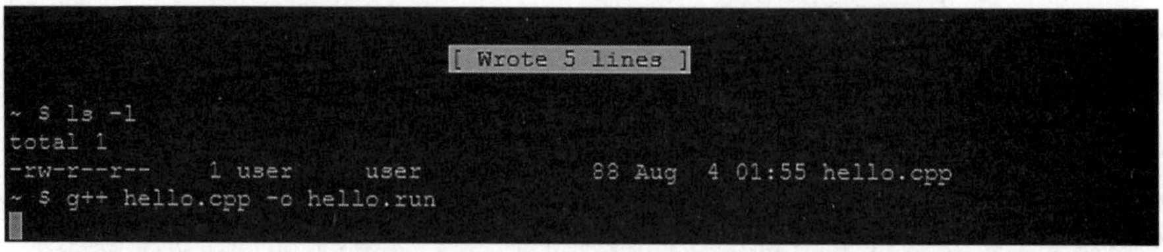

图 11.12

请读者注意，如果不指定"-o hello.run"，g++默认情况下会在编译后输出到 a.out 文件，这个名字没有明确含义，而且可能导致所编译的程序会覆盖以前其他程序的编译结果。因此建议每次调用 g++编译时都指定输出的文件名。

11.4.2　用 makefile 控制编译过程

说明：本小节的内容比较深入，供有兴趣的读者选学。

在程序调试过程中，可能要多次反复编译一个源程序，每次都输入"g++ hello.cpp -o hello.run"比较麻烦，有没有简便的方法，不需要每次都输入源程序文件名和编译结果的输出文件名呢？答案是可以的。

前面提到过 GCC 可以编译大型程序，把多个源程序和库程序包，甚至不同语言编写的不同程序部分连接在一起，这是用 makefile（制作文件）功能来实现的。在一个目录中通常包含一个大型软件的很多源程序文件和子目录，makefile 的作用是针对其所在目录的，在当前目录下执行 make 命令时，makefile 会告诉 make 命令如何处理本目录下的源文件。

现在建立一个最简单的 makefile。在 Linux 虚拟环境待命状态"~ $"输入"nano makefile"，表示要编辑一个名为 makefile 的文件。在其后打开的 nano 界面中输入如下内容：

```
all: hello.exe
hello.exe: hello.o
        gcc -o hello.exe hello.o
hello.o: hello.c
        gcc -c hello.c
clean:
        rm hello.o hello.exe
```

见图 11.13。

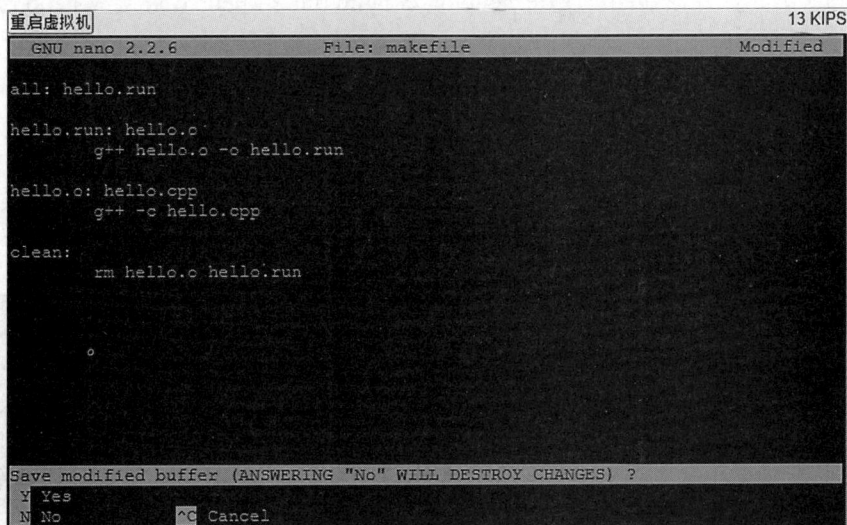

图　11.13

按"^X""Y"和 Enter 键，保存这个文件。

关于 makefile 的说明：

在 makefile 里，冒号左边是 make 命令的规则名字，冒号的右边是完成这个规则需要的先决条件（另一个规则），缩进的下一行是这个规则要执行的指令。比如第 1 行，"all: hello"意味着命令"make all"，要先完成 hello.run 规则（all 是 make 的默认规则，当执行 make 不带任何规则参数时，即表示执行"make all"）。

第 2 行和第 3 行是 hello.run 规则段落，其中，第 2 行"hello.run: hello.o"表示 hello.run 需要先完成 hello.o 规则，第 3 行"g++ hello.o -o hello.run"是 hello.run 这个步骤真正要执行的命令。

第 4 行和第 5 行是 hello.o 规则段落，其中，第 4 行"hello.o: hello.cpp"表示 hello.o 需要 hello.cpp 文件，第 5 行"g++ -c hello.cpp"是 hello.o 真正要执行的命令，它用"g++ -c"把 hello.cpp 编译成 hello.o。

hello.o 文件是"目标文件"，它是编译后得到的二进制文件。对一个大型软件，可以在不同时间，甚至用不同语言的编译器分别对各个子文件进行编译，得到多个目标文件，然后经过连接环节把它们组成一个可执行文件。

在 Linux 待命状态提示"~ $"输入 make，make 的作用是"生成"，即进行编译和连接，见图 11.14。

图　11.14

那么根据这个简单的 makefile 文件，make 命令（记得 make 没有带规则参数，默认等于 make all）的完整流程就是：all 需要完成 hello.run（第 1 行），就要完成 hello.o（第 2 行），就需要 hello.cpp（第 4 行），找到了 hello.cpp 用"g++ -c hello.cpp"命令把它编译成 hello.o（第 5 行），然后用"g++ hello.o -o hello.run"把 hello.o 连接成 hello.run（第 3 行）。这时所有 all 的先决条件都满足了，make 就结束了。

这个 makefile 文件的最后两行是清理编译结果的，"clean:"没有先决条件，"make clean"就直接执行"rm hello.o hello.run"，从而删除这两个文件（rm 是 Linux 的删除指令）。"clean:"也不是其他规则的先决条件，所以 make 的时候不会执行它。

等 Linux 待命状态提示"~ $"再次出现，输入"ls -l"命令，输出目录列表（如上所述，"ls -l"命令类似于 DOS 系统中的 dir 命令），见图 11.15。

图　11.15

可以看到：有源程序文件 hello.cpp、目标文件 hello.o 和可执行文件 hello.run。

在"~ $"提示下输入"./hello.run"（"./"表示是当前目录下的文件。在 Linux 系统里，运行当前目录下的执行文件要特别明确地用"./hello.run"来执行，否则 Linux 系统会试图在设定的执行文件路径中去寻找 hello.run。），见图 11.16。

```
~ $ ./hello.run
Hello World from Linux!
~ $
```

图　11.16

可以看到程序输出结果了。

如果再运行一次 make，会是什么结果呢？make 会告诉你没有什么可以做的，见图 11.17。

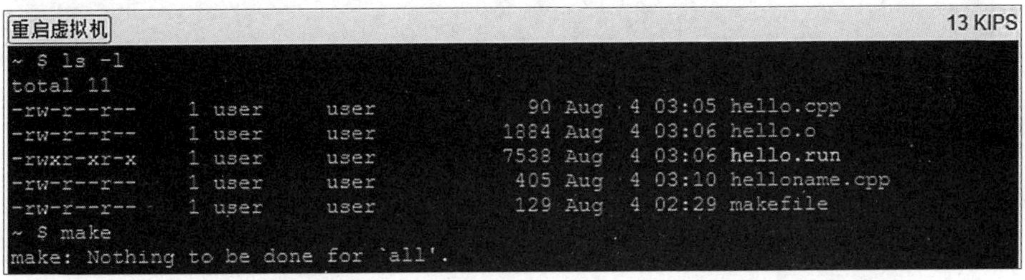

```
重启虚拟机                                                    13 KIPS
~ $ ls -l
total 11
-rw-r--r--     1 user     user            90 Aug  4 03:05 hello.cpp
-rw-r--r--     1 user     user          1884 Aug  4 03:06 hello.o
-rwxr-xr-x     1 user     user          7538 Aug  4 03:06 hello.run
-rw-r--r--     1 user     user           405 Aug  4 03:10 helloname.cpp
-rw-r--r--     1 user     user           129 Aug  4 02:29 makefile
~ $ make
make: Nothing to be done for 'all'.
```

图　11.17

这是什么原因呢？因为 make 工具检查执行文件和源文件的时间标记，当它发现执行文件的时间晚于源程序文件时，make 就不做重复劳动了。你可以试试改动一下源程序文件，然后再运行一下 make，它就会再次编译你的程序了。

11.5　本 Linux GCC 练习环境的文件管理

本节要说明的是：在虚拟机窗口用 GCC 进行工作时的有关问题。

11.5.1　上传一个文件进 Linux 虚拟机

如果有一个现成的源程序文件保存在读者的计算机里，如何利用 Linux 虚拟机来编译它呢？可以利用"上传文件"的功能把已经编辑好的文件传送进虚拟机的主目录里。单击"上传"按钮，见图 11.18。

这时会跳出一个选择本地文件对话框，见图 11.19。

在其中选中你想用的源程序文件（在这个例子里，我们选择在 11.4 节中下载到本地下载文件夹里的 helloname.cpp 文件），然后单击 Open 按钮。

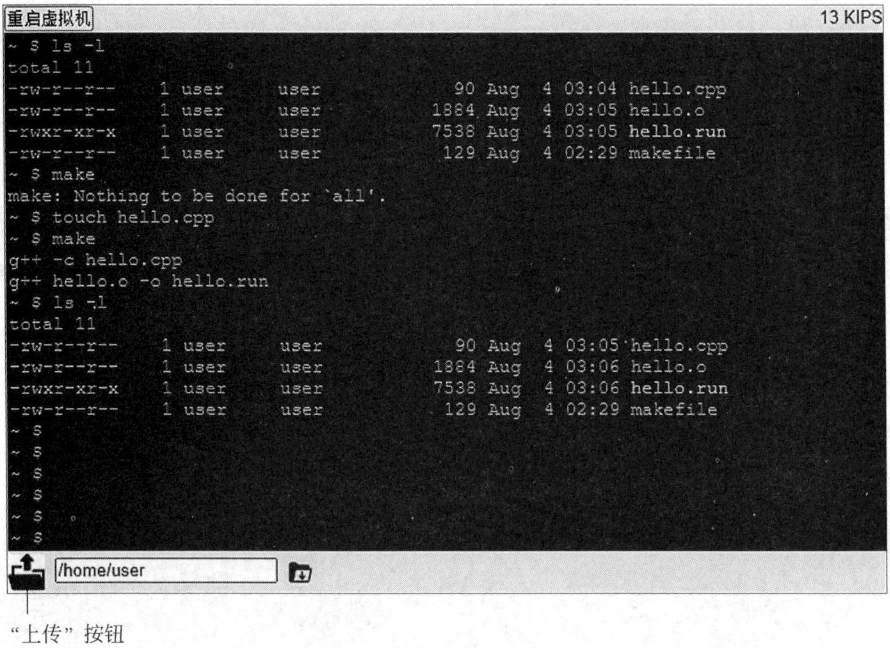

"上传" 按钮

图　11.18

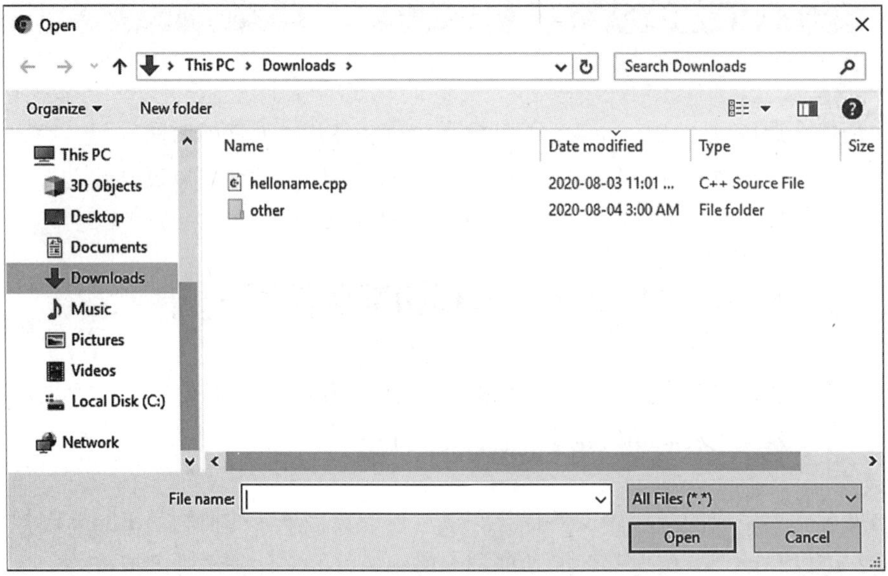

图　11.19

　　然后在虚拟机待命状态提示符 "~ $" 下输入 "ls -l" 来显示 Linux 虚拟机的主目录列表，见图 11.20。

　　可以看到虚拟机的主目录里多出一个文件 helloname.cpp（倒数第二个文件）。表示已经把这个文件上传进虚拟机了，然后可以利用虚拟机里的 g++命令编译这个新上传进去的源文件。

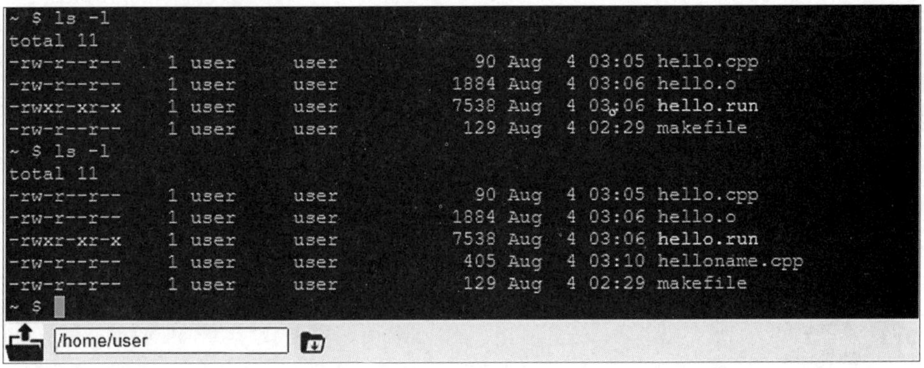

图　11.20

11.5.2　保存虚拟机的主目录

现在已经有多个文件在虚拟机的主目录下，但是虚拟机是运行在你的网页浏览器里的。一旦关闭当前网页，虚拟机连同它的硬盘内容都消失了。为了能保存你的文件，可以利用"下载"功能，把虚拟机里的主目录打包下载，供你下次使用，见图 11.21。

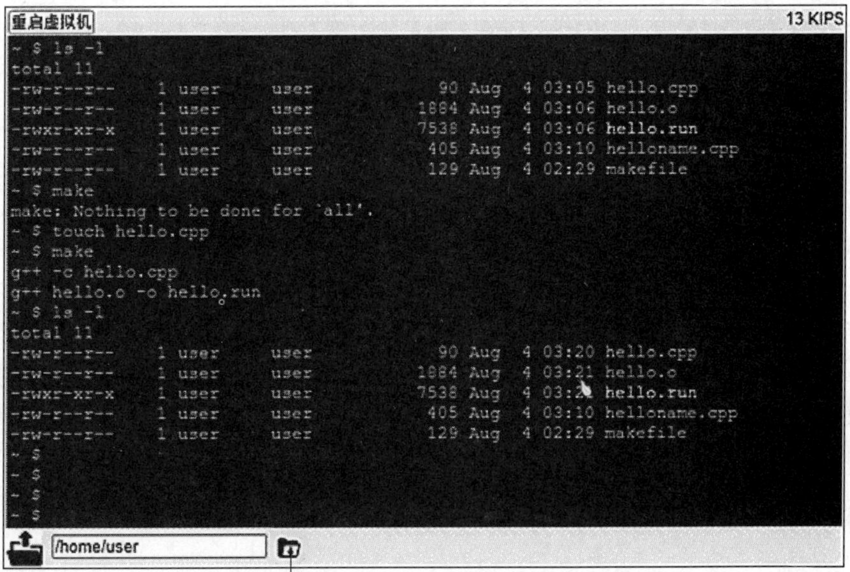

"打包下载"按钮

图　11.21

单击"打包下载"按钮后，Linux 虚拟机会把你的主目录（/home/user）打包成 tar文件格式，然后通过你的浏览器下载功能保存到你的计算机中。界面取决于你的浏览器及其设置，有些设置会弹出对话框问你希望把文件下载到哪个目录，如图 11.22。

有的则直接下载到"下载"目录，见图 11.23。

如果它直接下载到默认下载目录，可以单击 user.tar 旁边的向上箭头"^"，然后选择"打开所在目录"，查看它被保存到了哪里。

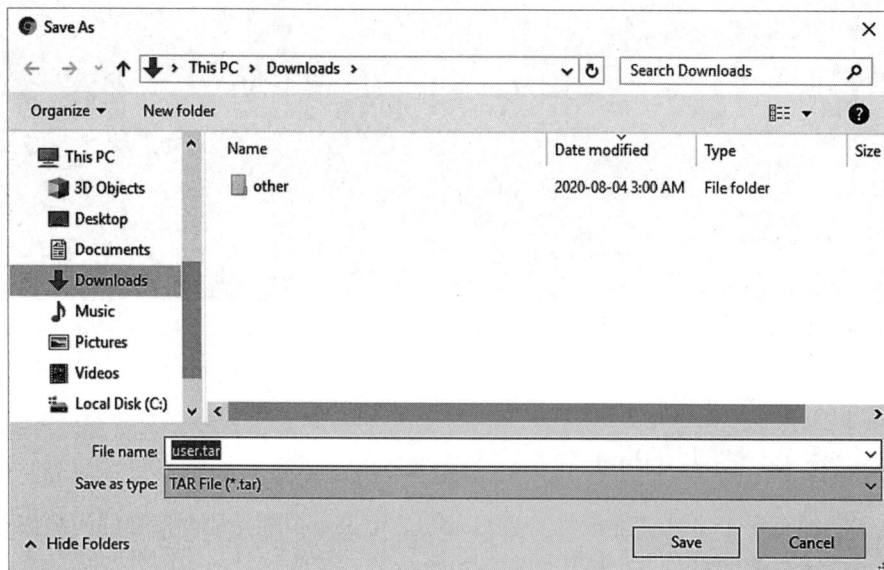

图　11.22

图　11.23

请读者注意，Windows 内置的 zip 工具无法打开 tar 文件，但 winzip 和 winrar 等工具是可以打开 tar 文件的。还要注意，打开后的文件是 UNIX 格式，最明显的区别是 Windows 下的新行标记是"回车+换行"，而 UNIX 下的新行标记就是"换行"符而已。所以很多 Windows 的文本编辑器打开 UNIX 下的文本文件时，可能会产生换行错乱的现象。也有很多代码编辑器有格式转换功能，有些甚至自动转换 UNIX 格式的文件，从而可以正确显示换行。所以如果你用常用的 Windows 编辑器打开这些文件，发现换行不正常，可以试试其他代码编辑器。

11.5.3　把下载的打包上传回虚拟机

前面已保存了自己的主目录里全部的文件，那么下一次想继续我们的项目，需要怎么做呢？

首先要把 user.tar 文件送回虚拟机里，这可以利用 11.5.1 节介绍的方法，单击"上传"按钮，见图 11.24。

在弹出的选择文件对话框里选择 user.tar 文件，见图 11.25。

单击 Open 按钮后，user.tar 文件机就会上传至虚拟机，见图 11.26。

第一次"ls -l"是在上传之前，可以看到那个时候主目录里没有文件。第二次"ls -l"是在上传之后，可以看见主目录里出现了 user.tar 文件。

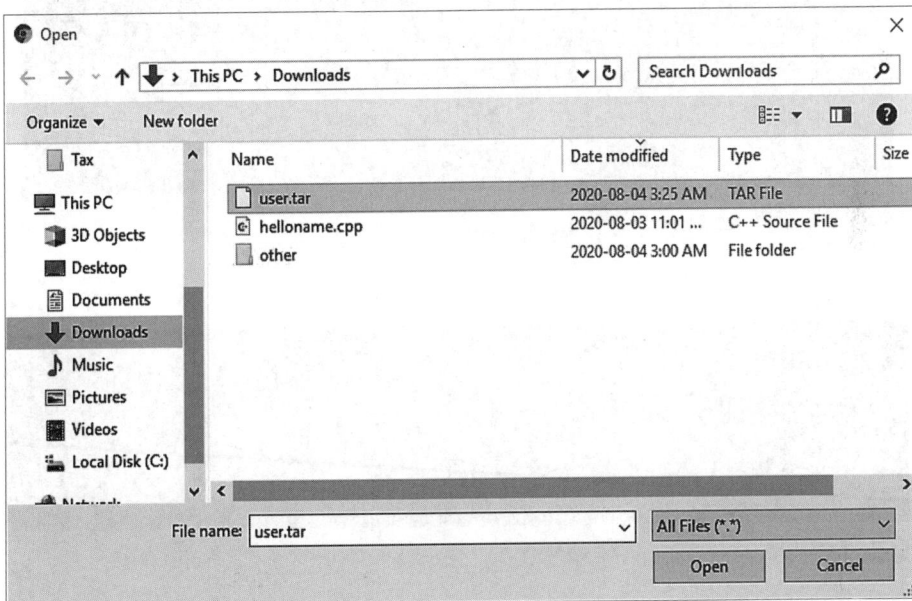

图　11.24

图　11.25

图　11.26

接下来"展开"user.tar 打包文件。在"~ $"提示下，输入"tar -xvf user.tar -C /"，见图 11.27。

再执行"ls -l"，可以看到以前的文件都回来了。在确认所有文件都存在以后，执行"rm user.tar"（rm 是 Linux 的删除文件指令），可以节省空间，避免未来下载主目录时有重复，见图 11.28。

可以看到 user.tar 文件不再出现在"ls -l"的输出列表里了。可以继续进行有关工作了。

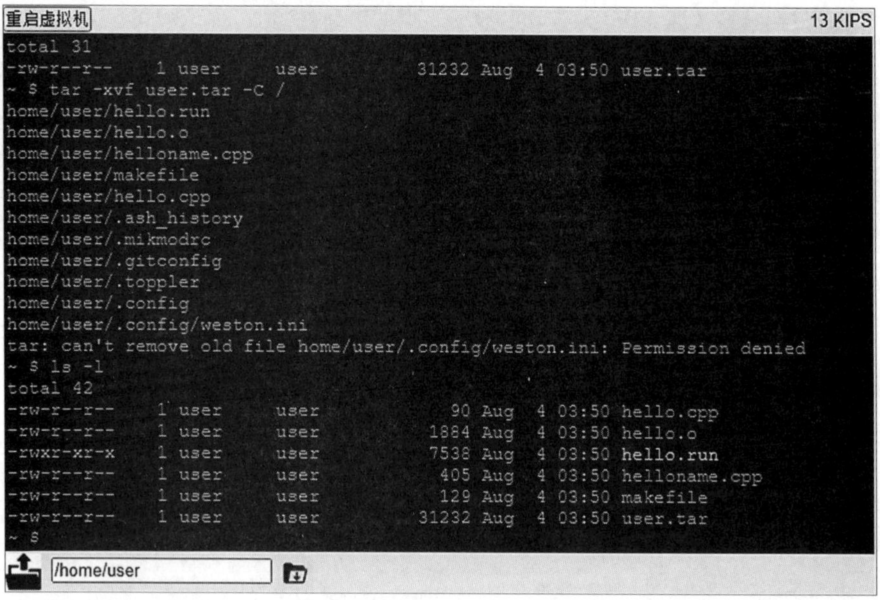

```
重启虚拟机                                                                13 KIPS
total 31
-rw-r--r--    1 user     user         31232 Aug  4 03:50 user.tar
~ $ tar -xvf user.tar -C /
home/user/hello.run
home/user/hello.o
home/user/helloname.cpp
home/user/makefile
home/user/hello.cpp
home/user/.ash_history
home/user/.mikmodrc
home/user/.gitconfig
home/user/.toppler
home/user/.config
home/user/.config/weston.ini
tar: can't remove old file home/user/.config/weston.ini: Permission denied
~ $ ls -l
total 42
-rw-r--r--    1 user     user            90 Aug  4 03:50 hello.cpp
-rw-r--r--    1 user     user          1884 Aug  4 03:50 hello.o
-rwxr-xr-x    1 user     user          7538 Aug  4 03:50 hello.run
-rw-r--r--    1 user     user           405 Aug  4 03:50 helloname.cpp
-rw-r--r--    1 user     user           129 Aug  4 03:50 makefile
-rw-r--r--    1 user     user         31232 Aug  4 03:50 user.tar
~ $
     /home/user
```

图　11.27

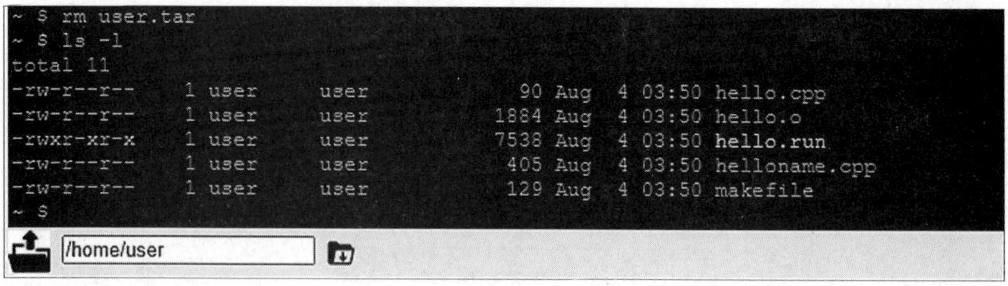

```
~ $ rm user.tar
~ $ ls -l
total 11
-rw-r--r--    1 user     user            90 Aug  4 03:50 hello.cpp
-rw-r--r--    1 user     user          1884 Aug  4 03:50 hello.o
-rwxr-xr-x    1 user     user          7538 Aug  4 03:50 hello.run
-rw-r--r--    1 user     user           405 Aug  4 03:50 helloname.cpp
-rw-r--r--    1 user     user           129 Aug  4 03:50 makefile
~ $
     /home/user
```

图　11.28

在这一章我们着重介绍了 GCC 的基本使用。读者可以使用网页内置的简易编辑器，利用虚拟机中的 GCC 编译运行 C++程序，也可以开始利用 Linux 虚拟机命令行界面进行简单的 GCC 编译、运行、调试 C++程序。建议读者多练习，慢慢习惯 Linux 的命令行用法，尤其是未来有志参与开源软件开发的读者，GCC 是开源软件开发工具链里非常重要的一个环节。

第 3 部分

上机实验内容与安排

第 12 章

实 验 指 导

12.1　上机实验的指导思想和要求

1. 上机实验的目的

学习 C++程序设计不能满足于"懂得了",满足于了解了语法和能看懂书上的程序,而应当掌握程序设计的全过程,即能独立编写出源程序,独立上机调试程序,独立运行程序和分析结果。设计 C++的初衷是为方便开发大型程序,虽然在初学 C++时还没有机会接触到大型程序,更不可能编写出能供实际应用的大型程序,而只能接触到比较简单的程序。但是应当通过学习 C++课程,对 C++有比较全面的、初步的认识,为今后进一步学习和应用 C++打下良好的基础。

程序设计是一门实践性很强的课程,必须十分重视实践环节。许多实际的知识不是靠听课和看书学到手的,而是通过长时间的实践积累的。要提倡通过实践掌握知识的方法。必须保证有足够的上机实验时间,学习本课程应该至少有 30 小时的上机时间,最好能做到与授课时间之比为 1∶1。除了学校规定的上机实验以外,应当提倡学生自己课余抽时间多上机实践。

上机实验的目的,绝不仅是为了验证教材和讲课的内容,或者验证自己所编的程序正确与否。学习程序设计,上机实验的目的是:

(1)加深对讲授内容的理解,尤其是一些语法规定,光靠课堂讲授,既枯燥无味又难以记住,但它们是很重要的,初学者的程序出错往往错在语法上。通过多次上机,就能自然地、熟练地掌握。通过上机来掌握语法规则是行之有效的方法。

(2)熟悉所用的计算机系统的操作方法,也就是了解和熟悉 C++程序开发的环境。一个程序必须在一定的外部环境下才能运行,所谓"环境",就是指所用的计算机系统的硬件和软件条件,或者说是工作平台。使用者应该了解为了运行一个 C++程序需要哪些必要的外部条件(例如硬件配置、软件配置),可以利用哪些系统的功能来帮助自己开发程序。每一种计算机系统的功能和操作方法不完全相同,但只要熟练掌握一两种计算机系统的使用,再遇到其他系统时便会触类旁通,很快地学会。

(3)学会上机调试程序。也就是善于发现程序中的错误,并且能很快地排除这些错误，使程序能正确运行。经验丰富的人，在编译连接过程中出现"出错信息"时，一般能很快地判断出错误所在，并改正之。而缺乏经验的人即使在明确的"出错提示"下也往往找不出错误而求助于别人。要真正掌握计算机应用技术，就不仅应当了解和熟悉有关理论和方法，还要求自己动手实现。对程序设计来说，则要求会编程序并上机调试通过。因此调试程序不仅是得到正确程序的一种手段，而且它本身就是程序设计课程的一个重要的内容和基本要求，应给予充分的重视。调试程序固然可以借鉴他人的现成经验，但更重要的是通过自己的直接实践来积累经验，而且有些经验是只能"会意"难以"言传"。别人的经验不能代替自己的经验。调试程序的能力是每个程序设计人员应当掌握的一项基本功。

因此，在做实验时千万不要在程序通过后就认为万事大吉、完成任务了，而应当在已通过的程序基础上做一些改动（例如修改一些参数、增加程序一些功能、改变某些语句等），再进行编译、连接和运行。甚至于"自设障碍"，即把正确的程序改为有错的（例如语句漏写分号；比较符"＝＝"错写为赋值号"＝"；使数组下标出界；使整数溢出等），观察和分析所出现的情况。这样的学习才会有真正的收获，是灵活主动的学习而不是呆板被动的学习。

2．上机实验前的准备工作

在上机实验前应事先做好准备工作，以提高上机实验的效率，准备工作至少应包括：

（1）了解所用的计算机系统（包括 C++编译系统和工作平台）的性能和使用方法。

（2）复习和掌握与本实验有关的教学内容。

（3）准备好上机所需的程序。手编程序应书写整齐，并经人工检查无误后才能上机，以提高上机效率。初学者切忌不编程序或抄别人程序去上机，应从一开始就养成严谨的科学作风。

（4）对运行中可能出现的问题事先作出估计，对程序中自己有疑问的地方，应作出记号，以便在上机时给予注意。

（5）准备好调试和运行时所需的数据。

3．上机实验的步骤

上机实验时应该一人一组，独立上机。上机过程中出现的问题，除了是系统的问题以外，一般应自己独立处理。尤其对"出错信息"，应善于自己分析判断。这是学习调试程序的良好机会。

上机实验一般应包括以下几个步骤：

（1）进入 C++工作环境（例如 Visual C++ 6.0 或 RHIDE 集成环境）。

（2）输入自己编好的程序。

（3）检查一遍已输入的程序是否有错（包括输入时打错的和编程中的错误），如发现有错，及时改正。

（4）进行编译和连接。如果在编译和连接过程中发现错误，屏幕上会出现"出错信息"，根据提示找到出错位置和原因，加以改正再进行编译……如此反复直到顺利通过编译和连接为止。

（5）运行程序并分析运行结果是否合理和正确。在运行时要注意当输入不同数据时所得到的结果是否正确。

（6）输出程序清单和运行结果。

4．实验报告

实验后，应整理出实验报告，实验报告应包括以下内容：

（1）题目。

（2）程序清单（计算机打印出的程序清单）。

（3）运行结果（必须是上面程序清单所对应打印输出的结果）。

（4）对运行情况所作的分析以及本次调试程序所取得的经验。如果程序未能通过，应分析其原因。

5．实验内容的安排

课后习题和上机题统一，教师指定的课后习题就是上机题（可以根据习题量的多少和上机时间的长短，指定习题的全部或一部分作为上机题）。本书给出 9 个实验内容，每一个实验对应教材中一章的内容，每个实验包括若干个题目，上机时间每次为 2 小时。各单位在组织上机实验时可以根据条件做必要的调整，增加或减少某些部分。在实验内容中有"*"的部分是选做的题目，如有时间可以选做这些部分。

学生应在实验前将教师指定的题目编好程序，然后上机输入和调试。

12.2 关于程序的调试和测试

1．程序错误的类型

为了帮助读者调试程序和分析程序，下面简单介绍程序出错的种类。

（1）**语法错误**。即不符合 C++语言的语法规定，例如将 main 错写为 naim，括号不匹配，语句最后漏了分号等，这些都会在编译时被发现并指出。这些都属于"致命错误"，不改正是不能通过编译的。对一些在语法上有轻微毛病但不影响程序运行的错误（如定义了变量但始终未使用），编译时会发出"警告"，虽然程序能通过编译，但不应当使程序"带病工作"，应该将程序中所有导致"错误（error）"和"警告（warning）"的因素都消除，再使程序投入运行。

（2）**逻辑错误**。这是指程序无语法错误，也能正常运行，但是结果不对。例如求 $s=1+2+3+\cdots+100$，有人写出以下语句：

```
for(s=0,i=1;i<100;i++)
    sum=sum+i;
```

语法没有错，但求出的结果是 $1+2+3+\cdots+99$ 之和，而不是 $1+2+3+\cdots+100$ 之和，原因是少执行了一次循环。这类错误可能是设计算法时的错误，也可能是算法正确而在编写程序时出现疏忽所致。这种错误计算机是无法检查出来的。如果是算法有错，则应先修改算法，再改程序。如果是算法正确而程序写得不对，则直接修改程序。

（3）运行错误。有时程序既无语法错误，又无逻辑错误，但程序不能正常运行或结果不对。多数情况是数据不对，包括数据本身不合适以及数据类型不匹配。如有以下程序：

```
int main()
  {int a, b, c;
  cin>>a>>b;
  c=a/b;
  cout<<c<<endl;
  return 0;
  }
```

当输入的 b 为非零值时，运行无问题。当输入的 b 为零时，运行时出现"溢出（overflow）"的错误。如果在执行上面的 cin 语句时输入

456.78 34.56↙

则输出 c 的值为 2，显然是不对的。这是由于输入的数据类型与输入格式符不匹配而引起的。

2. 程序的测试

程序调试的任务是排除程序中的错误，使程序能顺利地运行并得到预期的效果。程序的调试阶段不仅要发现和消除语法上的错误，还要发现和消除逻辑错误和运行错误。除了可以利用编译时提示的"出错信息"来发现和改正语法错误外，还可以通过程序的测试来发现逻辑错误和运行错误。

程序的测试的任务是尽力寻找程序中可能存在的错误。在测试时要设想到程序运行时的各种情况，测试在各种情况下的运行结果是否正确。程序测试是程序调试的一个组成部分。

有时程序在某些情况下能正常运行，而在另外一些情况下不能正常运行或得不到正确的结果，因此，一个程序即使通过编译并正常运行而且结果正确，还不能认为程序没有问题了。要考虑是否在任何情况下都能正常运行并且得到正确的结果。测试的任务就是要找出那些不能正常运行的情况和原因。下面通过一个典型且容易理解的例子来说明测试的概念。

求一元二次方程 $ax^2 + bx + c = 0$ 的根。

有人根据求根公式 $x_{1,2} = \dfrac{-b \pm \sqrt{b^2 - 4ac}}{2a}$ ，编写出以下程序：

```
#include<iostream>
#include<cmath>
```

```
using namespace std;
int main()
  {f loat a, b, c, disc, x1, x2;
   cin>>a>>b>>c;
   disc=b*b - 4*a*c;
   x1=(-b+sqrt(disc))/(2*a);
   x2=(-b-sqrt(disc))/(2*a);
   cout<<"x1="<<x1<<", x2="<<x2<<endl;
   return 0;
  }
```

当输入 a，b，c 的值为 1，–2，–15 时，输出 x1 的值为 5，x2 的值为–3。结果是正确无误的。但是若输入 a，b，c 的值分别为 3，2，4 时，屏幕上出现了出错信息，程序停止运行，原因是此时 $b^2 - 4ac$ =4–24=–20，小于 0，出现了对负数求平方根的运算，故出错。

因此，此程序只适用于 $b^2 - 4ac \geqslant 0$ 的情况。不能说上面的程序是错的，只能说程序对可能出现的情况"考虑不周"，所以不能保证在任何情况下都是正确的。使用这个程序必须满足一定的前提（$b^2 - 4ac \geqslant 0$），这样，就给使用程序的人带来不便。人们在输入数据前，必须先算一下，看 $b^2 - 4ac$ 是否大于或等于 0。

一个程序应能适应各种不同的情况，并且都能正常运行并得到相应的结果。

下面分析一下求方程 $ax^2 + bx + c = 0$ 的根，有几种情况：

（1）a≠0 时

① $b^2 - 4ac > 0$　　　有两个不等的实根：$x_{1,2} = \dfrac{-b \pm \sqrt{b^2 - 4ac}}{2a}$

② $b^2 - 4ac$ =0　　　有两个相等的实根：$x_1 = x_2 = -\dfrac{b}{2a}$

③ $b^2 - 4ac < 0$　　　有两个不等的共轭复根：$x_{1,2} = \dfrac{-b}{2a} \pm \dfrac{\sqrt{b^2 - 4ac}}{2a}$

（2）a =0 时，方程就变成一元一次的线性方程：$bx+c=0$

① 当 $b \neq 0$ 时，$x = -\dfrac{c}{b}$

② 当 $b=0$ 时，方程变为　$0x+c=0$

• 当 c=0 时，x 可以为任何值；

• 当 $c \neq 0$ 时，x 无解。

综合起来，共有 6 种情况：

① $a \neq 0$，$b^2 - 4ac$ >0

② $a \neq 0$，$b^2 - 4ac$ =0

③ $a \neq 0$，$b^2 - 4ac$ <0

④ a =0，$b \neq 0$

⑤ a =0，$b=0$，$c=0$

⑥ a =0，$b=0$，$c \neq 0$

应当分别测试程序在以上 6 种情况下的运行情况，观察它们是否符合要求。为此，应准备 6 组数据。用这 6 组数据测试程序的"健壮性"。在使用上面这个程序时，显然只有满足①②情况的数据才能使程序正确运行，而输入满足③～⑥情况的数据时，程序出错。这说明程序不"健壮"。为此，应当修改程序，使之能适应以上 6 种情况。可将程序改为：

```cpp
#include<iostream>
#include<cmath>
using namespace std;
int main()
  {float a, b, c, disc, x1, x2, p, q;
  cout<<"input a, b, c:";
  cin>>a>>b>>c;
  if (a==0)
    if (b==0)
      if (c==0)
        cout<<" It is trivial."<<endl;
      else
        cout<<" It is impossible."<<endl;
    else
      {cout<<" It has one solution:"<<endl;
       cout<<" x="<<- c/b<<endl;
      }
  else
    {disc=b*b - 4*a*c;
    if (disc>=0)
      if (disc>0)
        {cout<<" It has two real solutions:"<<endl;
         x1=(-b+sqrt(disc))/(2*a);
         x2=(-b-sqrt(disc))/(2*a);
         cout<<"x1="<<x1<<", x2="<<x2<<endl;
        }
      else
        {cout<<" It has two same real solutions:"<<endl;
         cout<<"x1=x2="<<-b/(2*a)<<endl;
        }
    else
      {cout<<" It has two complex solutions:"<<endl;
       p= -b/(2*a);
       q=sqrt(- disc)/(2*a);
       cout<<"x1="<<p<<"+"<<q<<"i, x2="<<p<<"-"<<q<<"i"<<endl;
      }
    }
  return 0;
  }
```

为了测试程序的"健壮性",我们准备了 6 组数据:

① 3，4，1　② 1，2，1　③ 4，2，1　④ 0，3，4　⑤ 0，0，0　⑥ 0，0，5

分别用这 6 组数据作为输入的 a，b，c 的值，得到以下的运行结果:

① input a, b, c: 3 4 1↙
   It has two real solutions:
   x1= - 0.33, x2= -1
② input a, b, c: 1 2 1↙
   It has two same real solutions:
   x1=x2= -1
③ input a, b, c: 4 2 1↙
   It has two complex solutions:
   x1= - 0.25+0.43i, x2= - 0.25- 0.43i
④ input a, b, c: 0 3 4↙
   It has one solution:
   x= -1.33
⑤ input a, b, c: 0 0 0↙
   It is trivial.
⑥ input a, b, c: 0 0 5↙
   It is impossible.

经过测试，可以看到程序对任何输入的数据都能正常运行并得到正确的结果。

以上是根据数学知识知道输入数据有 6 种方案。但在有些情况下，并没有现成的数学公式作为依据，例如一个商品管理程序，要求对各种不同的检索作出相应的反应。如果程序包含多条路径（如由 if 语句形成的分支），则应当设计多组测试数据，使程序中每一条路径都有机会执行，观察其运行是否正常。

以上就是程序测试的初步知识。测试的关键是正确地准备测试数据。如果只准备 4 组测试数据，程序都能正常运行，仍然不能认为此程序已无问题。只有将程序运行时所有的可能情况都作过测试，才能作出判断。

测试的目的是检查程序有无"漏洞"。对于一个简单的程序，要找出其运行时全部可能执行到的路径，并正确地准备数据并不困难。但是如果需要测试一个复杂的大程序，要找到全部可能的路径并准备出所需的测试数据并非易事。例如：有两个非嵌套的 if 语句，每个 if 语句有两个分支，它们所形成的路径数目为 $2\times2=4$。如果一个程序包含 100 个 if 语句，则可能的路径数目为 $2^{100}=1.267651\times10^{30}$，要测试每一条路径几乎是不可能的。实际上进行测试的只是其中一部分（执行几率最高的部分）。因此，经过测试的程序一般还不能轻易宣布为"没有问题"，只能说"经过测试的部分无问题"。正如检查身体一样，经过内科、外科、眼科、五官科……各科例行检查后，不能宣布被检查者"没有任何病症"，他有可能有隐蔽的、不易查出的病症。所以医院的诊断书一般写为"未发现异常"，而不能写"此人身体无任何问题"。

读者应当了解测试的目的，学会组织测试数据，并根据测试的结果修改完善程序。

第 13 章

实验内容与安排

13.1 实验 1　C++程序的运行环境和运行 C++程序的方法

1. 实验目的

（1）了解所用的计算机系统的基本操作方法，学会独立使用该系统。

（2）了解在该系统上如何编辑、编译、连接和运行一个 C++程序。

（3）通过运行简单的 C++程序，初步了解 C++源程序的结构和特点。

应学会在一种以上的编译环境下运行 C++的程序，初学时可以先使用在线编译器和 GCC 运行 C++程序。在此基础上学习并掌握 Visual C++ 2010。

2. 实验内容和步骤

（1）利用第 10 章介绍的在线编译器，输入以下 C++源程序（第 1 章习题第 4 题）：

```
int main();
  { int a,b;
   c=a+b;
   cout >> "a+b=" >> a+b;
   return 0;
  }
```

在输入时，故意敲错几个字符，然后运行这个程序，观察结果，如果发现有错，对程序进行修改，再运行。直到得到正确的结果。

（2）利用第 11 章介绍的 Linux 虚拟环境中用 GCC 编译器，输入并运行以下 C++源程序：

```
int main();
  { int a,b;
   c=a+b;
```

```
  cout >> "a+b=" >> a+b;
  return 0;
}
```

（3）在 Visual Studio 2010 环境下运行一个 C++程序。

① 按照本书第 9 章介绍的方法先建立一个新项目。

② 在此项目中新建一个 C++文件。

③ 在此文件中输入以下源程序：

```
int main();
  { int a,b;
  c=a+b;
  cout >> "a+b=" >> a+b;
  return 0;
  }
```

④ 对它进行编译和连接。分析显示出来的编译信息。如果有错误，就找错误所在，并修改源程序，重新进行编译，直到成功。

⑤ 如果编译没有错误，就执行程序，得到运行结果。分析运行结果是否正确，如果不正确或认为输出格式不理想，可以修改程序，然后重新编译和运行，直到满意为止。

（4）利用已有的源程序建立一个新程序。这样可以利用已有源程序中的有用部分，减少输入的工作量。

把源程序修改为下面的内容（第 1 章习题第 5 题）：

```
#include<iostream>
using namespace std;
int main()
  { int a,b;
    c=add(a,b)
    cout << "a+b=" << c << endl;
    return 0;
  }
int add(int x,int y);
 { z = x + y;
 return(z);
 }
```

对此新文件进行编译、连接和运行。步骤与前相同。

（5）请考虑：如果有一个 C++源程序，存放在某一子目录下，现想对它进行修改，怎样把它调入和修改？能否直接用打开一般文件的方法（双击该文件名），然后编译运行。请试一下。总结出正确的方法。

3．预习内容

（1）《C++面向对象程序设计（第3版）》第1章。

（2）本书第2部分第9章、第10章和第11章。

13.2　实验2　C++对C的扩充

1．实验目的

（1）了解在面向过程程序设计中C++对C功能的扩充与增强，并善于在编写程序过程中应用这些新的功能。

（2）进一步熟悉在所用的系统上编辑、编译、连接和运行C++程序的方法。

（3）进一步熟悉C++程序的结构和编程方法。

2．实验内容和步骤

要求事先编好解决下面问题的程序，然后上机输入程序并调试运行。

（1）输入以下程序，进行编译，观察编译情况，如果有错误，请修改程序，再进行编译，直到没有错误，然后进行连接和运行，分析运行结果（本题是《C++面向对象程序设计（第3版）》第1章习题第5题）。

```
#include<iostream>
using namespace std;
int main()
  {
    int a,b;
    c=add(a,b)
    cout<<" a+b=" <<c<<endl;
    return 0;
  }
 int add(int x,int y);
  {
    z=x+y;
    return(z);
  }
```

（2）编一个程序，用来求2个或3个正整数中的最大数。

① 用不带默认参数的函数实现。

② 用带有默认参数的函数实现。

（本题是《C++面向对象程序设计（第3版）》第1章习题第7题）

对比两种方法，分析用带有默认参数的函数的优点和应用的场合。总结如何选择默认参数的值。请分析本题中默认参数的值应该在什么范围。

（3）输入两个整数，将它们按由大到小的顺序输出（本题是《C++面向对象程序设计（第 3 版）》第 1 章习题第 8 题）。

① 使用指针方法。

② 使用变量的引用。

比较这两种方法的特点和使用方法。

（4）对 3 个变量按由小到大顺序排序，要求使用变量的引用（本题是《C++面向对象程序设计（第 3 版）》第 1 章习题第 9 题）。

① 使用指针方法。

② 使用变量的引用。

请总结使用引用时要注意什么问题。

（5）有 5 个字符串，要求对它们按由小到大顺序排列，用 string 方法（本题是《C++面向对象程序设计（第 3 版）》第 1 章习题第 16 题）。

（6）编写一个程序，用同一个函数名对 n 个数据进行从小到大排序，数据类型可以是整型、单精度型、双精度型（本题是《C++面向对象程序设计（第 3 版）》第 1 章习题第 13 题和 14 题）。

① 用重载函数实现。

② 用函数模板实现。

比较这两种方法各有什么特点，什么情况下可以用函数模板代替重载函数？什么情况下不可以用函数模板代替重载函数？

说明：可以根据教学要求和实验时间从上面列出的实验内容中选择若干题作为规定实验内容。

3．预习内容

《C++面向对象程序设计（第 3 版）》第 1 章。

13.3　实验 3　类和对象（一）

1．实验目的

（1）掌握声明类的方法，类和类的成员的概念以及定义对象的方法。

（2）初步掌握用类和对象编制基于对象的程序。

（3）学习检查和调试基于对象的程序。

2．实验内容

（1）有以下程序：

```
#include<iostream>
using namespace std;
class Time                              //定义 Time 类
```

```
{public:                                  //数据成员为公用的
  int hour;
  int minute;
  int sec;
};

int main()
{ Time t1;                                //定义 t1 为 Time 类对象
  cin>>t1.hour;                           //输入设定的时间
  cin>>t1.minute;
  cin>>t1.sec;
  cout<<t1.hour<<":"<<t1.minute<<":"<<t1.sec<<endl;     //输出时间
  return 0;
}
```

改写程序，要求：

① 将数据成员改为私有的；

② 将输入和输出的功能改为由成员函数实现；

③ 在类体内定义成员函数。

然后编译和运行程序。请分析：什么成员应指定为公用的？什么成员应指定为私有的？什么函数最好放在类中定义？什么函数最好在类外定义？本题是《C++面向对象程序设计（第3版）》第2章习题第2题。

（2）分别给出如下3个文件：

① 含类定义的头文件 student.h。

```
//student.h                       （这是头文件，在此文件中进行类的声明）
class Student                     //类声明
  { public:
      void display( );            //公用成员函数原型声明
    private:
      int num;
      char name[20];
      char sex ;
  };
```

② 包含成员函数定义的源文件 student.cpp。

```
//student.cpp                    在此文件中进行函数的定义
#include<iostream>
#include "student.h"             //不要漏写此行，否则编译无法通过
void Student::display()          //在类外定义 display 类函数
  {cout<<"num:"<<num<<endl;
   cout<<"name:"<<name<<endl;
   cout<<"sex:"<<sex<<endl;
```

```
        }
```

③ 包含主函数的源文件 main.cpp。

为了组成一个完整的源程序，应当有包括主函数的源文件：

```
//main.cpp                              主函数模块
#include<iostream>
#include "student.h"                    //将类声明头文件包含进来
int main()
  {Student stud;                        //定义对象
   stud.display();                      //执行 stud 对象的 display 函数
   return 0;
  }
```

请完善该程序，在类中增加一个对数据成员赋初值的成员函数 set_value。上机调试并运行。本题是《C++面向对象程序设计（第 3 版）》第 2 章习题第 4 题。

（3）需要求 3 个长方柱的体积，请编写一个基于对象的程序。数据成员包括 length（长）、width（宽）、height（高）。要求用成员函数实现以下功能：

① 由键盘分别输入 3 个长方柱的长、宽、高；

② 计算长方柱的体积；

③ 输出 3 个长方柱的体积。

请编写程序，上机调试并运行。本题是《C++面向对象程序设计（第 3 版）》第 2 章习题第 6 题。

3．预习内容

《C++面向对象程序设计（第 3 版）》第 2 章。

13.4　实验 4　类和对象（二）

1．实验目的

（1）进一步加深对类和对象的理解。

（2）掌握类的构造函数和析构函数的概念和使用方法。

（3）掌握对对象数组、对象的指针及其使用方法。

（4）掌握友元的概念和使用。

（5）了解类模板的使用方法。

2．实验内容

（1）有以下程序：

```
#include<iostream.h>
class Student
```

```
{public:
  Student(int n, float s):num(n), score(s){}
  void change(int n, float s){num=n;score=s;}
  void display(){cout<<num<<" "<<score<<endl;}
 private:
  int num;
  float score;
};

void main()
 {Student stud(101, 78.5);
  stud.display();
  stud.change(101, 80.5);
  stud.display();
 }
```

① 阅读此程序，分析其执行过程，然后上机运行，对比输出结果。本题是《C++面向对象程序设计（第 3 版）》第 3 章习题第 6 题。

② 修改上面的程序，增加一个 fun 函数，改写 main 函数。在 main 函数中调用 fun 函数，在 fun 函数中调用 change 和 display 函数。在 fun 函数中使用对象的引用（Student &）作为形参。本题是《C++面向对象程序设计（第 3 版）》第 3 章习题第 8 题。

（2）商店销售某一商品，商店每天公布统一的折扣（discount）。同时允许销售人员在销售时灵活掌握售价（price），在此基础上，对一次购 10 件以上者，还可以享受 9.8 折优惠。现已知当天 3 个销货员销售情况为

销货员号（num）	销货件数（quantity）	销货单价（price）
101	5	23.5
102	12	24.56
103	100	21.5

请编写程序，计算出当日此商品的总销售款 sum 以及每件商品的平均售价。要求用静态数据成员和静态成员函数。本题是《C++面向对象程序设计（第 3 版）》第 3 章习题第 9 题。

提示：将折扣 discount、总销售款 sum 和商品销售总件数 n 声明为静态数据成员，再定义静态成员函数 average（求平均售价）和 display（输出结果）。

（3）有以下程序（这是《C++面向对象程序设计（第 3 版）》中例 3.13 的程序）：

```
#include<iostream>
using namespace std;
class Date;                    //对 Date 类的提前引用声明
class Time                     //定义 Time 类
 {public:
  Time(int, int, int);
  void display(Date &);        //display 是成员函数，形参是 Date 类对象的引用
 private:
```

```
    int hour;
    int minute;
    int sec;
  };

  class Date                          //声明 Date 类
   {public:
     Date(int, int, int);
     friend void Time::display(Date &);//声明 Time 中的 display 函数为友元成员函数
   private:
     int month;
     int day;
     int year;
   };

  Time::Time(int h, int m, int s)  //类 Time 的构造函数
   {hour = h;
    minute = m;
     sec=s;
    }

 void Time::display(Date &d)       //display 的作用是输出年、月、日和时、分、秒
  {cout<<d.month<<"/"<<d.day<<"/"<<d.year<<endl;
                             //引用 Date 类对象中的私有数据
    cout<<hour<<":"<<minute<<":"<<sec<<endl;  //引用本类对象中的私有数据
   }

 Date::Date(int m, int d, int y)  //类 Date 的构造函数
  {month=m;
   day=d;
   year = y;
   }

 int main()
  {Time t1(10, 13, 56);           //定义 Time 类对象 t1
   Date d1(12, 25, 2004);         //定义 Date 类对象 d1
   t1.display(d1);                //调用 t1 中的 display 函数, 实参是 Date 类对象 d1
   return 0;
   }
```

　　请读者分析和运行此程序, 注意友元函数 Time::display 的作用。将程序中的 display
函数不放在 Time 类中, 而作为类外的普通函数, 然后分别在 Time 和 Date 类中将 display
声明为友元函数。在主函数中调用 display 函数, display 函数分别引用 Time 和 Date 两个
类的对象的私有数据, 输出年、月、日和时、分、秒。本题是《C++面向对象程序设计
(第 3 版)》第 3 章习题第 10 题。

修改后上机调试和运行。

（4）有以下使用类模板程序（这是《C++面向对象程序设计（第 3 版）》中例 3.14的程序）：

```cpp
#include<iostream>
using namespace std;
template<class numtype>                    //定义类模板
class Compare
 {public:
   Compare(numtype a, numtype b)
     {x=a;y=b;}
   numtype max()
     {return (x>y)?x:y;}
   numtype min()
     {return (x<y)?x:y;}
  private:
    numtype x, y;
 };

int main()
 {Compare<int> cmp1(3, 7);                //定义对象 cmp1，用于两个整数的比较
  cout<<cmp1.max()<<" is the Maximum of two integer numbers."<<endl;
  cout<<cmp1.min()<<" is the Minimum of two integer numbers."<<endl<<endl;
  Compare<float> cmp2(45.78, 93.6);  //定义对象 cmp2，用于两个浮点数的比较
  cout<<cmp2.max()<<" is the Maximum of two float numbers."<<endl;
  cout<<cmp2.min()<<" is the Minimum of two float numbers."<<endl<<endl;
  Compare<char> cmp3('a', 'A' );          //定义对象 cmp3，用于两个字符的比较
  cout<<cmp3.max()<<" is the Maximum of two characters."<<endl;
  cout<<cmp3.min()<<" is the Minimum of two characters."<<endl;
  return 0;
 }
```

① 运行此程序，体会类模板的作用。

② 将它改写为在类模板外定义各成员函数。

3．预习内容

《C++面向对象程序设计（第 3 版）》第 3 章。

13.5　实验 5　运算符重载

1．实验目的

（1）进一步了解运算符重载的概念和使用方法。

（2）掌握几种常用的运算符重载的方法。

（3）了解转换构造函数的使用方法。

（4）了解在 Visual C++ 6.0 环境下进行运算符重载要注意的问题。

2．实验内容

事先编写好程序，上机调试和运行程序，分析结果。

（1）声明一个复数类 Complex，重载运算符"+""-""*""/"，使之能用于复数的加、减、乘、除，运算符重载函数作为 Complex 类的成员函数。编写程序，分别求两个复数之和、差、积、商。本题是《C++面向对象程序设计（第 3 版）》第 4 章习题第 2 题。

请思考：你编写的程序能否用于一个整数与一个复数的算术运算？如 4+（5-2i）。

（2）声明一个复数类 Complex，重载运算符"+"，使之能用于复数的加法运算。参加运算的两个运算量可以都是类对象，也可以其中有一个是整数，顺序任意。例如：c1+c2，i+c1，c1+i 均合法（设 i 为整数，c1，c2 为复数）。

运行程序，分别求两个复数之和、整数和复数之和。本题是《C++面向对象程序设计（第 3 版）》第 4 章习题第 3 题。

（3）有两个矩阵 a 和 b，均为 2 行 3 列。求两个矩阵之和。重载运算符"+"，使之能用于矩阵相加。如：c=a+b。本题是《C++面向对象程序设计（第 3 版）》第 4 章习题第 4 题。

（4）声明一个 Teacher（教师）类和一个 Student（学生）类，二者有一部分数据成员是相同的，例如 num（号码），name（姓名），sex（性别）。编写程序，将一个 Student 对象（学生）转换为 Teacher（教师）类，只将以上 3 个相同的数据成员移植过去。可以设想为：一位学生大学毕业了，留校担任教师，他原有的部分数据对现在的教师身份来说仍然是有用的，应当保留并成为其教师的数据的一部分。本题是《C++面向对象程序设计（第 3 版）》第 4 章习题第 7 题。

3．预习内容

《C++面向对象程序设计（第 3 版）》第 4 章。

13.6　实验 6　继承与派生

1．实验目的

（1）了解继承在面向对象程序设计中的重要作用。

（2）进一步理解继承与派生的概念。

（3）掌握通过继承派生出一个新的类的方法。

（4）了解虚基类的作用和用法。

2．实验内容

事先编写好程序，上机调试和运行程序，分析结果。

（1）将《C++面向对象程序设计（第3版）》中例 5.1 的程序片段补充和改写成一个完整、正确的程序，用公用继承方式。在程序中应包括输入数据的函数，在程序运行时输入 num，name，sex，age，addr 的值，程序应输出以上 5 个数据的值。本题是《C++面向对象程序设计（第3版）》第 5 章习题第 1 题。

（2）将《C++面向对象程序设计（第3版）》中例 5.3 的程序修改、补充，写成一个完整、正确的程序，用保护继承方式。在程序中应包括输入数据的函数。本题是《C++面向对象程序设计（第3版）》第 5 章习题第 3 题。

（3）修改上面第（2）题的程序，改为用公用继承方式。上机调试程序，使之能正确运行并得到正确的结果。本题是《C++面向对象程序设计（第3版）》第 5 章习题第 4 题。

对这两种继承方式作比较分析，考虑在什么情况下二者不能互相代替。

（4）分别声明 Teacher（教师）类和 Cadre（干部）类，采用多重继承方式由这两个类派生出新类 Teacher_Cadre（教师兼干部）。要求：

① 在两个基类中都包含姓名、年龄、性别、地址、电话等数据成员。

② 在 Teacher 类中还包含数据成员 title（职称），在 Cadre 类中还包含数据成员 post（职务）。在 Teacher_Cadre 类中还包含数据成员 wages（工资）。

③ 对两个基类中的姓名、年龄、性别、地址、电话等数据成员用相同的名字，在引用这些数据成员时，指定作用域。

④ 在类体中声明成员函数，在类外定义成员函数。

⑤ 在派生类 Teacher_Cadre 的成员函数 show 中调用 Teacher 类中的 display 函数，输出姓名、年龄、性别、职称、地址、电话，然后再用 cout 语句输出职务与工资。

3．预习内容

《C++面向对象程序设计（第3版）》第 5 章。

13.7　实验 7　多态性与虚函数

1．实验目的

（1）了解多态性的概念。
（2）了解虚函数的作用及使用方法。
（3）了解静态关联和动态关联的概念和用法。
（4）了解纯虚函数和抽象类的概念和用法。

2．实验内容

事先编写好程序，上机调试和运行程序，分析结果。

（1）声明 Point（点）类，由 Point 类派生出 Circle（圆）类，再由 Circle 类派生出 Cylinder（圆柱体）类。将类的定义部分分别作为 3 个头文件，对它们的成员函数的声明部分分别作为 3 个源文件（.cpp 文件），在主函数中用#include 命令把它们包含进来，形成一个完整的程序，并上机运行。本题是《C++面向对象程序设计（第 3 版）》第 6 章习题第 1 题。

（2）在《C++面向对象程序设计（第 3 版）》中例 6.3 的基础上作以下修改，并作必要的讨论。

① 把构造函数修改为带参数的函数，在建立对象时初始化。

② 先不将析构函数声明为 virtual，在 main 函数中另设一个指向 Circle 类对象的指针变量，使它指向 grad1。运行程序，分析结果。

③ 不作第②点的修改而将析构函数声明为 virtual，运行程序，分析结果。

本题是《C++面向对象程序设计（第 3 版）》第 6 章习题第 3 题。

（3）声明抽象基类 Shape，由它派生出 3 个派生类：Circle（圆形）、Rectangle（矩形）、Triangle（三角形），用一个函数 printArea 分别输出以上三者的面积，3 个图形的数据在定义对象时给定。本题是《C++面向对象程序设计（第 3 版）》第 6 章习题第 4 题。

3．预习内容

《C++面向对象程序设计（第 3 版）》第 6 章。

13.8　实验 8　输入输出流

1．实验目的

（1）深入理解 C++的输入输出的含义与其实现方法。
（2）掌握标准输入输出流的应用，包括格式输入输出。
（3）掌握对文件的输入输出操作。

2．实验内容

事先编写好程序，上机调试和运行程序，分析结果。

（1）输入三角形的三边 a，b，c，计算三角形的面积的公式是

$$area=\sqrt{s(s-a)(s-b)(s-c)}\ ,\ s=\frac{a+b+c}{2}$$

形成三角形的条件是：$a+b>c$，$b+c>a$，$c+a>b$

编写程序，输入 a，b，c，检查 a，b，c 是否满足以上条件，如不满足，由 cerr 输出有关出错信息。本题是《C++面向对象程序设计（第 3 版）》第 7 章习题第 1 题。

（2）从键盘输入一批数值，要求保留 3 位小数，在输出时上下行小数点对齐。

① 用控制符控制输出格式；
② 用流成员函数控制输出格式。

本题是《C++面向对象程序设计（第 3 版）》第 7 章习题第 2 题。

（3）建立两个磁盘文件 f1.dat 和 f2.dat，编程序实现以下工作：

① 从键盘输入 20 个整数，分别存放在两个磁盘文件中（每个文件中放 10 个整数）；

② 从 f1.dat 读入 10 个数，然后存放到 f2.dat 文件原有数据的后面；

③ 从 f2.dat 中读入 20 个整数，将它们按从小到大的顺序存放到 f2.dat（不保留原来的数据）。本题是《C++面向对象程序设计（第3版）》第 7 章习题第 4 题。

3．预习内容

《C++面向对象程序设计（第3版）》第 7 章。

13.9　实验 9　C++工具

1．实验目的

（1）学会使用 C++的异常处理机制进行程序的调试。
（2）学会使用命名空间解决名字冲突。

2．实验内容

事先编写好程序，上机调试和运行程序，分析结果。

（1）求一元二次方程式 $ax^2 + bx + c = 0$ 的实根，如果方程没有实根，则利用异常处理机制输出有关警告信息。本题是《C++面向对象程序设计（第3版）》第 8 章习题第 1 题。

（2）学校的人事部门保存了有关学生的部分数据（学号、姓名、年龄、住址），教务部门也保存了学生的另外一些数据（学号、姓名、性别、成绩），两个部门分别编写了本部门的学生数据管理程序，其中都用 Student 作为类名。现在要求在全校的学生数据管理程序中调用这两个部门的学生数据，分别输出两种内容的学生数据。要求用 ANSI C++编程，使用命名空间。本题是《C++面向对象程序设计（第3版）》第 8 章习题第 3 题。

3．预习内容

《C++面向对象程序设计（第3版）》第 8 章。

参 考 文 献

[1] 谭浩强. C++程序设计[M]. 3 版. 北京：清华大学出版社，2015.

[2] 谭浩强. C++程序设计题解与上机指导[M]. 3 版. 北京：清华大学出版社，2015.

[3] 谭浩强. C++面向对象程序设计[M]. 3 版. 北京：清华大学出版社，2020.

[4] 谭浩强. C 程序设计[M]. 5 版. 北京：清华大学出版社，2017.

[5] 谭浩强. C 程序设计（第五版）学习辅导[M]. 北京：清华大学出版社，2017.

图书资源支持

感谢您一直以来对清华版图书的支持和爱护。为了配合本书的使用，本书提供配套的资源，有需求的读者请扫描下方的"书圈"微信公众号二维码，在图书专区下载，也可以拨打电话或发送电子邮件咨询。

如果您在使用本书的过程中遇到了什么问题，或者有相关图书出版计划，也请您发邮件告诉我们，以便我们更好地为您服务。

我们的联系方式：

地　　址：北京市海淀区双清路学研大厦 A 座 701

邮　　编：100084

电　　话：010-83470236　　010-83470237

资源下载：http://www.tup.com.cn

客服邮箱：2301891038@qq.com

QQ：2301891038（请写明您的单位和姓名）

资源下载、样书申请

书 圈

扫一扫，获取最新目录

课 程 直 播

用微信扫一扫右边的二维码，即可关注清华大学出版社公众号"书圈"。